手工坊轻松学编织必备教程系列

U0323339

跟阿瑛轻松学棒针
基础入门篇

阿瑛／编

中国纺织出版社

Contents 目录

Part 1

编织前的
准备

线材和工具的介绍

线材的介绍

棒针编织常用的线有棉线、蕾丝线、羊毛线等。除了使用常规线进行编织，还可使用马海毛、金银丝等特殊线材进行编织体现特别的效果。为了能织出漂亮的织片，需要配合线的粗细或种类选择合适的棒针。

棉线：

棉线是用棉纤维搓纺而成的线，适合四季编织。虽然伸缩性不大，但是有很好的透气性和吸水性。比较适合编织婴儿用品及服饰。

羊毛线：

保温性、伸缩性出色，是秋冬衣物中常用的线材。根据线的粗细分为极细、中细、中粗、极粗、超粗几种。

蕾丝线：

蕾丝线在夏季编织中常用，线比较细腻柔软，通常按细到粗分别有3号、5号、8号蕾丝。

中细牛奶棉

蕾丝线

马海毛

中粗棉线

羊毛线

细羊绒

☰ 棒针的型号与线的搭配

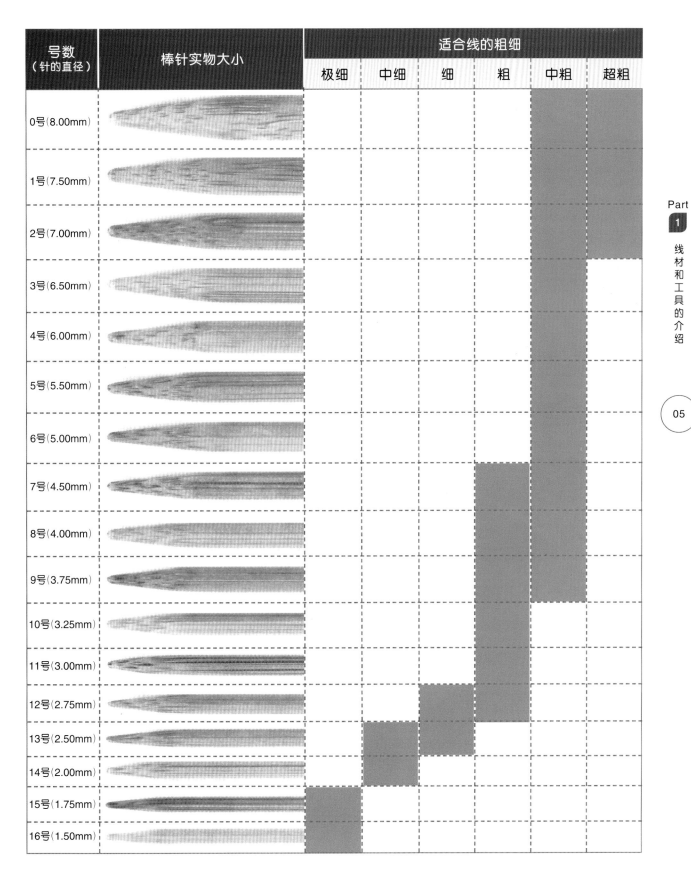

号数（针的直径）	棒针实物大小	适合线的粗细					
		极细	中细	细	粗	中粗	超粗
0号(8.00mm)						■	
1号(7.50mm)						■	
2号(7.00mm)						■	
3号(6.50mm)						■	■
4号(6.00mm)						■	
5号(5.50mm)						■	
6号(5.00mm)						■	
7号(4.50mm)					■		
8号(4.00mm)					■		
9号(3.75mm)					■		
10号(3.25mm)					■		
11号(3.00mm)					■		
12号(2.75mm)				■	■		
13号(2.50mm)			■	■			
14号(2.00mm)			■				
15号(1.75mm)		■					
16号(1.50mm)		■					

Part
1
线材和工具的介绍

05

防解别针

用于停针时固定针圈。

缝合针

用于织物之间的缝合及处理线头。毛线用的缝合针针头是圆的，针眼也比较大，可以根据毛线的粗细来选择合适的大小。

计数器

插在棒针上或者系在织物上，用于标记行数或者针数。

记号扣

使用时可别在织片上或套在棒针上，可代替别线作记号。

针头固定器

套于棒针的尾端，以防止针圈脱落。

麻花针

在棒针编织交叉花样时使用。

纱剪

用于剪断线头。

卷尺

用于测量花样密度及成品尺寸。

尺寸及测量

如何测量尺寸

原型

在织毛衣的过程中，我们首先会碰到的问题就是尺寸是否合适，为了制作一件合身的针织品，一定要根据穿着者的身型来制出原型。因为人体是立体的，将之平面化我们称为"平面原型"，所有的作品都是由平面原型展开而成的。其中身体的原型称为"原型"，上半身的原型称为"基本原型"。

量体

要画出正确的原型，第一步需先量取正确的尺寸。在量尺寸之前，女士要正确地穿着内衣，以得到最准确的尺寸。量体时不要刻意加放。

头围：从耳朵往上1~2cm处，头部最突出的部分，水平量一圈。

颈围（N）：通过颈肩点（N.P）量颈部一圈。

腰围（W）：腰部最细的部位，水平量一圈。

臀围（H）：臀部最宽的部位，水平量一圈。

臀高：测量腰围（W）线到臀围（H）线的距离。

肩宽：测量肩点（S.P）到另一肩点的距离。注意勿将肩部的厚度量入，以直线测量。

背长：从第一节脊柱到腰围W线的距离。

袖长：手臂自然往下垂，测量肩点到手腕之间的长。

臂根围：手臂在下垂的状态下，将卷尺放入腋下，由下往上量取。

臂围：手臂最粗的部分量一圈。

肘围：肘关节上量一圈。

腕围：腕关节上量一圈。

乳高：测量颈肩点（N.P）到乳头（B.P）的距离。

乳间隔（B.P间）：测量乳头B.P到B.P的距离。

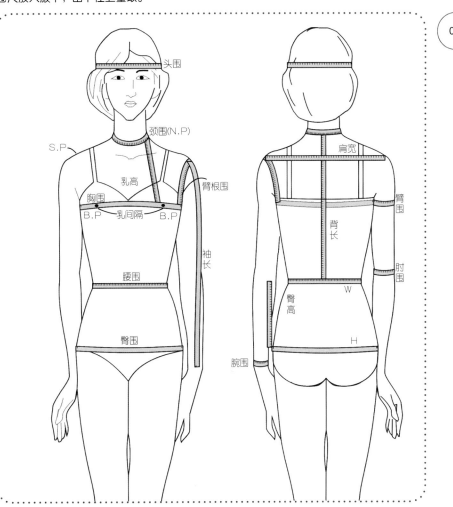

此表所列尺寸供读者参考所用，编织时应以穿着者的具体身型为准，在没有办法量取身型尺寸时才参考尺寸表。

依年龄划分的标准尺寸

（单位：cm）

名称＼年龄	婴儿	1~2岁	3~4岁	5~6岁	7~8岁	9~10岁	11~12岁	13~14岁	女子 小	女子 中	女子 大	男子 小	男子 中	男子 大
头围	40~45	42~46	47~49	51~51	52	53	54	55	55	56	57	56	57	58
颈围 (N)	25~27	25~27	28~30	28~30	30~33	30~33	32~35	32~35	32~35	33~36	34~37	34~37	36~39	38~41
胸围 (B)	46~48	50~52	54~56	58~60	62~64	66~68	70~72	男80~84 女76~78	80	84	88	88	92	96
腰围 (W)	46~48	50~52	54~56	58~60	60	62	62	男62~64 女62~62	58	64	68	72	74	76
臀围 (H)	46~48	50~52	54~55	58~60	62~64	66~68	男70 女74	男72~80 女76~84	88	92	96	86	88	90
臀高	10	10	11	12	13	14	15	16	17	18	19	20	21	22
肩宽	20	22	24	26	28	30	31	32	33	35	37	40	42	44
背长	19~20	20~21	22~23	24~25	26~27.5	28~30	31~32.5	33~35	36	37	38	42	45	48
肩高	1	1	1.5	2	2.5	3	3.5	4	4	4	4	4	4	4
☆后领深	1	1	1	1	1	1	1.5	1.5	1.5	1.5	1.5	1.5	1.5	1.5
袖长	20~22	24	28	32	36	40	44	46	48	50	52	53	55	57
A.H臂根围	22	24	25	26	27	28	29	30	32	34	36	38	40	42
臂围	20	20	21	22	23	24	25	26	26	28	30	29	31	33
肘围	13	14	15	16	17	18	19	20	21	22	23	25	26	27
腕围	11~12	12	12	13	13	14	14	15	15	16	17	17	18	19
掌围	11~12	12	13	14	15	16	17	18	19	20	21	21	22	23
乳高							19	20	23	24	25			
乳间隔 (B.P间)							16	17	17	18	19			
大腿围	27~30	30	33	36	38	41	43	46	48	50	52	47	49	51
膝盖围	18~22	23	25	26	27	28.5	30	31.5	32	33	35	34	35	36
脚腕围	11~12	13	14	15	16	17	18	19	19	20	21	20	21	22
侧长	33~38	41~44	47~51	54~58	61~68	71~74	77~79	81~83	87	90	94	92	95	98
上裆长	15~18	19~20	21	22	23	24	25	26	26	27	28	28	29	30
膝盖长	23~27	29~31	32~34	36~38	40~43.5	45~47	49~50	51.5~52.5	54	56	58	58	30	62
下裆长	15~23	21~25	30	31~36	38~45	47~50	50~54	55~57	62	63	66	64	66	68

针、行及织片的介绍

针、行的介绍

棒针编织中横向代表编织的针数，纵向代表编织的行数。

针的编织顺序是由右向左，行的编织顺序是由下往上。

下针编织

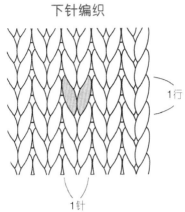

1行

1针

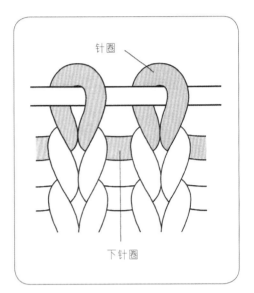

针圈

下针圈

上针编织

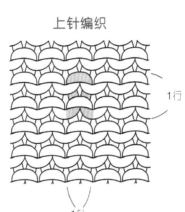

1行

1针

端针的介绍

端针是指在织片两端、最边上的针，以下是端针的正面半针和其他针呈现不同情况时的情形，横渡线是缝合时所挑的线。

下针编织

端边1针

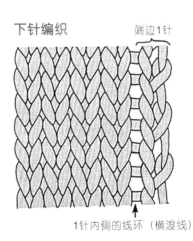

1针内侧的线环（横渡线）

半针内侧

1针内侧的线环（横渡线）

上针编织

端边1针

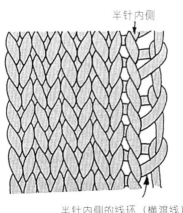

1针内侧的线环（横渡线）

平针编织

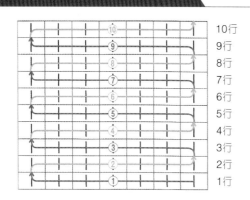

10行
9行
8行
7行
6行
5行
4行
3行
2行
1行

上下针编织

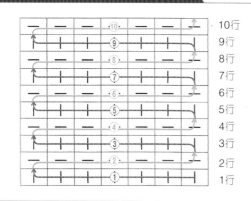

10行
9行
8行
7行
6行
5行
4行
3行
2行
1行

单桂花针编织

单罗纹编织

双罗纹编织

≡ 片织与圈织

片织的状况

片状编织时，每完成1行就要将织物翻转过来，正面和反面交替编织。
如织片正面显示都是下针，那么奇数行织下针，偶数行织上针。

平针织片

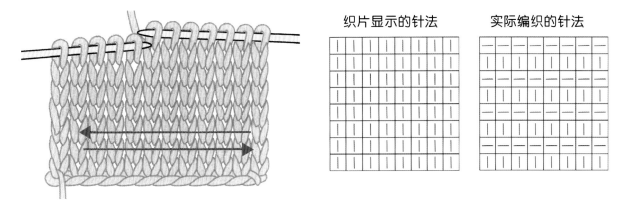

织片显示的针法　　　实际编织的针法

上下针织片　　如织片正面显示1行上针、1行下针时，那么奇数行、偶数行都织下针或都织上针。

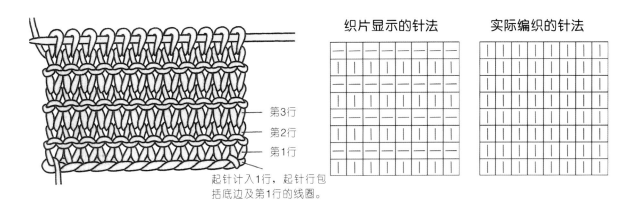

第3行
第2行
第1行

起针计入1行，起针行包
括底边及第1行的线圈。

织片显示的针法　　　实际编织的针法

圈织的状况

环状编织时，由于环的外侧始终是织物的正面，所以只要照着花样编织图编织即可。
如织物外侧显示下针，则编织下针；如织物外侧显示上针，则编织上针。

平针织片（下针）

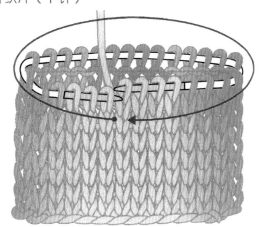

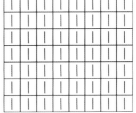

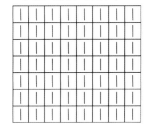

织片显示的针法　　　实际编织的针法

编织密度的测量

　　所谓编织密度是指在织片长10cm、宽10cm的范围内，有多少针多少行。在一般的书中，每件作品的花样都有相应的编织密度，按密度推算出需要编织的针数、行数，并依此进行编织，才能保证制作出合身的作品。

≡ 测量编织密度的方法

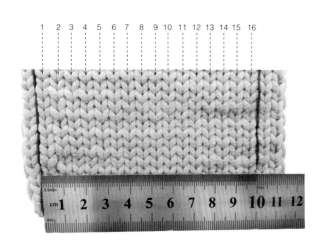

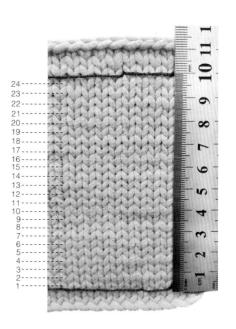

1 编织边长大于10cm的花样织片，编织前首先确定起针数。例如：编织说明中边长10cm的织片内密度为16针、24行，那么样片起针数应大于16，这里我们起20针。

2 用手指绕线起针法起20针，编织下针织片，行数要大于24行，这里我们编织了30行，注意织片要呈正方形。

3 完成后，断线，将织片熨烫平整，开始进行测量。

4 用尺子分别测量出长10cm、宽10cm织片内的行数与针数。

编织图的阅读方法

编织图上记录了作品的尺寸和针法，以及编织中需运用的各种技巧，因此只有读懂了编织图才能够顺利地进行编织。编织图中的一个方格即表示实际编织时的1针或1行，对照编织图进行编织，更有助于理解。各部分的编织步骤页面均以红色字标注。

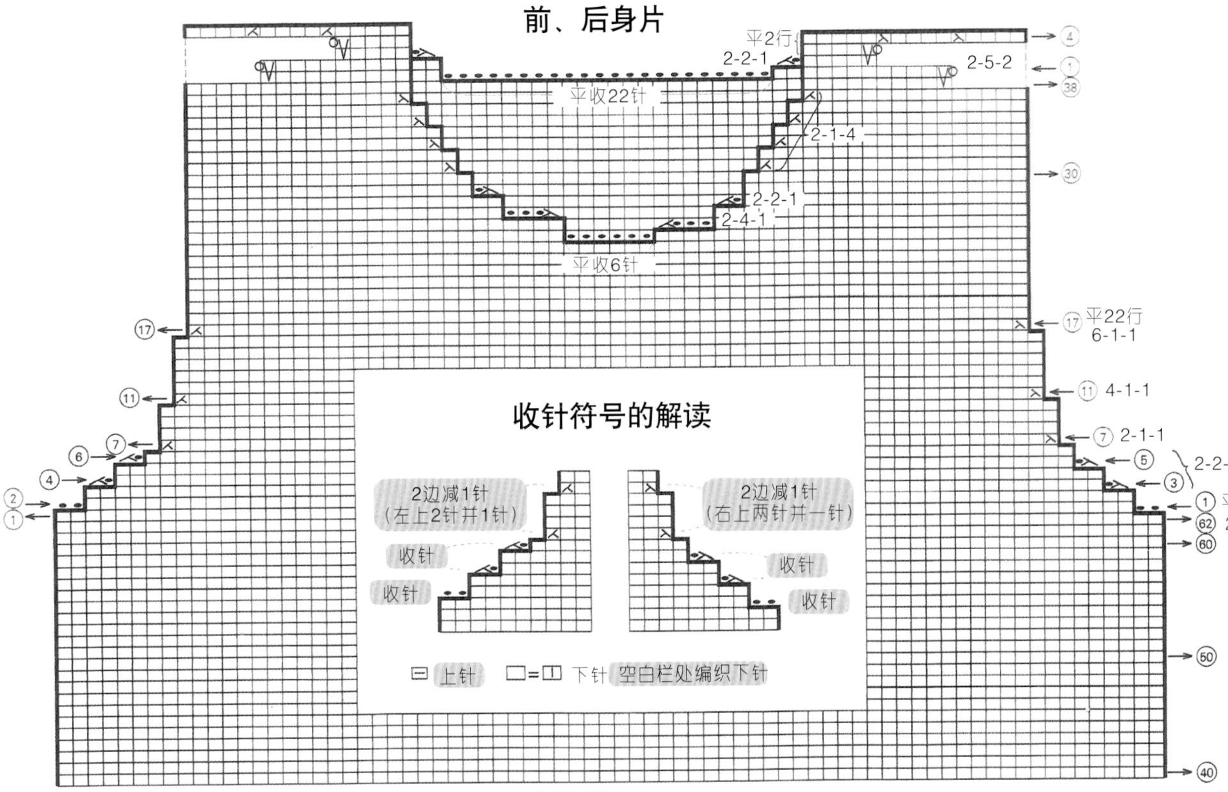

前、后身片

平2行
2-2-1
2-5-2
平收22针
2-1-4
2-2-1
2-4-1
平收6针

④
①
38
30

平22行
6-1-1
4-1-1
2-1-1
2-2-2

⑰
⑪
⑦
⑤
③

平收2针
62
60

⑰
⑪
⑦
⑥
④
②
①

50
40

收针符号的解读

2边减1针
（左上2针并1针）
收针
收针

2边减1针
（右上两针并一针）
收针
收针

⊟ 上针　□=1 下针　空白栏处编织下针

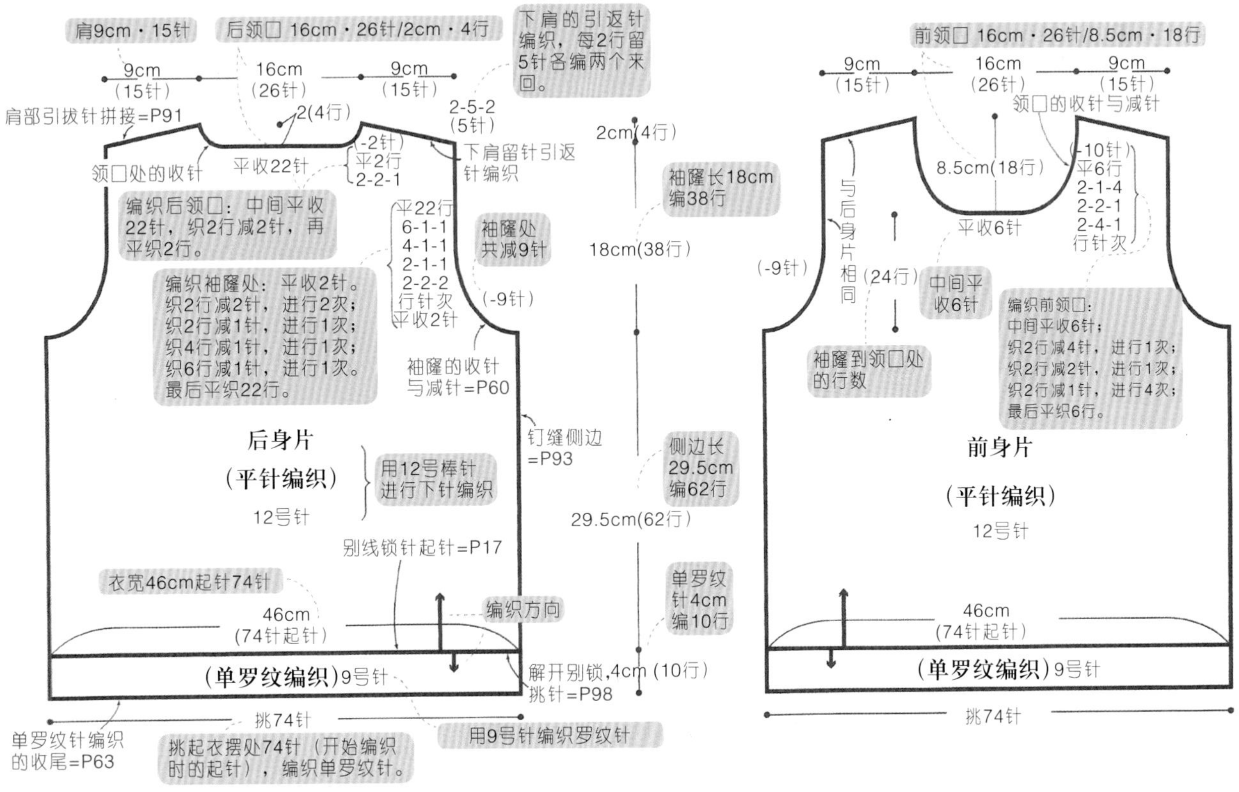

后身片

肩9cm · 15针　后领口 16cm · 26针/2cm · 4行

9cm
（15针）
16cm
（26针）
9cm
（15针）

2-5-2
（5针）

下肩的引返针编织，每2行留5针各编两个来回。

肩部引拔针拼接=P91

2(4行)
(-2行)
平2行
2-2-1

2cm(4行)

下肩留针引返针编织

领口处的收针

平收22针

编织后领口：中间平收22针，织2行减2针，再平织2行。

平22行
6-1-1
4-1-1
2-1-1
2-2-2
行针次
平收2针

袖窿长18cm
编织38行

18cm(38行)

编织袖窿处：平收2针，织2行减2针，进行2次；织2行减1针，进行1次；织4行减1针，进行1次；织2行减1针，进行1次。最后平织22行。

袖窿处共减9针
(-9针)

袖窿的收针与减针=P60

钉缝侧边=P93

侧边长29.5cm编织62行

后身片
（平针编织）
用12号棒针进行下针编织
12号针

别线锁针起针=P17

衣宽46cm起针74针
46cm
（74针起针）

编织方向

解开别锁,4cm（10行）
挑针=P98

单罗纹针4cm编织10行

挑74针

单罗纹针编织的收尾=P63

挑起衣摆处74针（开始编织时的起针），编织单罗纹针。

用9号针编织罗纹针

（单罗纹编织）9号针

前身片

前领口 16cm · 26针/8.5cm · 18行

9cm
（15针）
16cm
（26针）
9cm
（15针）

领口的收针与减针

8.5cm(18行)

(-10针)
平收6针
2-1-4
2-2-1
2-4-1
行针次

与后身片相同

(24行)

中间平收6针

编织前领口：中间平收6针，织2行减4针，进行1次；织2行减2针，进行1次；织2行减1针，进行4次。最后平织6行。

袖窿到领口处的行数

前身片
（平针编织）
12号针

46cm
（74针起针）

（单罗纹编织）9号针

挑74针

Part 1
编织图的阅读方法

13

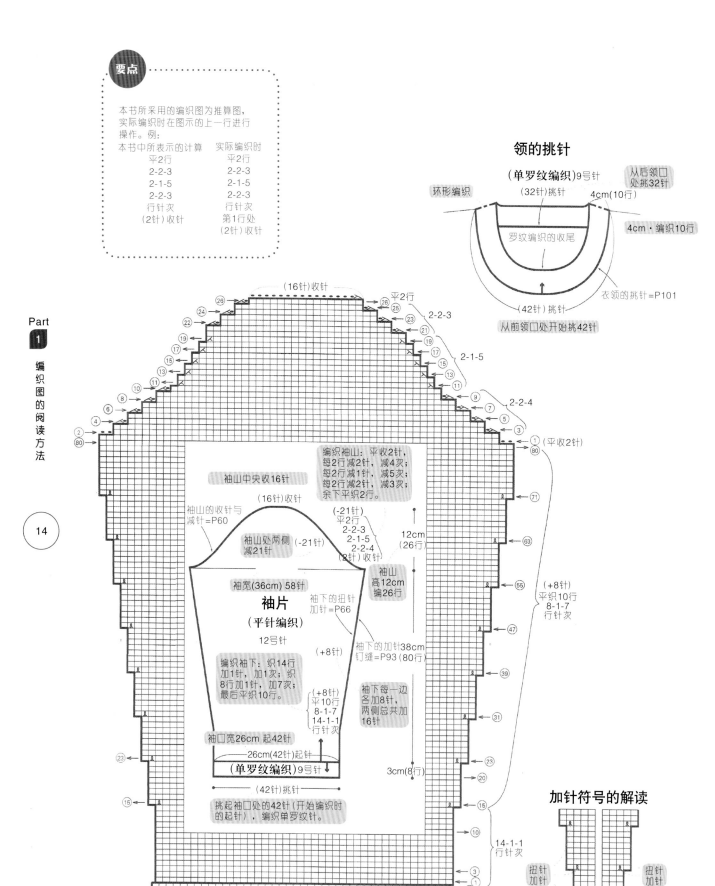

持针及挂线的正确方法

依据毛线拿在哪只手上，分为法国式和美国式。不管采用哪种拿线方法，结果都是要织出像右下图一样正确的织片状态。用食指来调整线的松紧。最开始或许会觉得手不太灵活，习惯以后就会熟悉而轻易地织出成品。

≡ 法国式

法国式挂线：是指线挂在左手食指上的编织方法。对于刚开始学习编织的人，建议使用此种方法，熟练掌握后能够灵活地运用10个手指快速地编织。

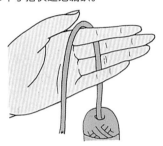

法国式持针：是指右手大拇指和中指握住针前，无名指、小指自然的放着，食指放在针尖处，用来调整棒针针尖的运作，并控制编织时的针端，以防止针脚从棒针上滑落。织片则由双手控制住。

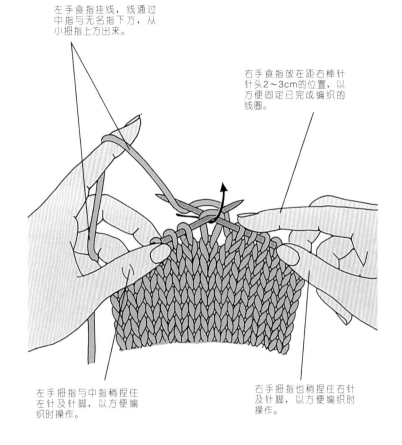

左手食指挂线，线通过中指与无名指下方，从小拇指上方出来。

右手食指放在距右棒针针头2~3cm的位置，以方便固定已完成编织的线圈。

左手拇指与中指稍捏住左针及针脚，以方便编织时操作。

右手拇指也稍捏住右针及针脚，以方便编织时操作。

≡ 美国式

美国式持针：此方法拉线稍紧，所以针脚比较整齐、漂亮。

美国式挂线：是指线挂在右手食指上的编织方法。

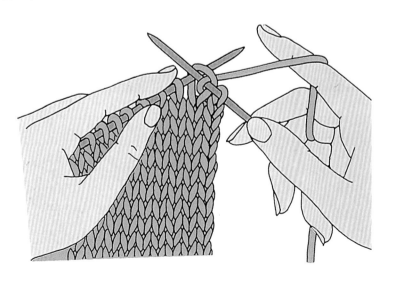

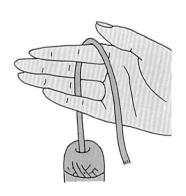

≡ 手指绕线起针法

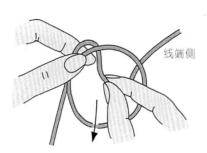

线端侧

线端侧

1 预留长为织物宽3倍左右的线端，交叉使之形成1个线圈，用左手捏住交叉点。

2 将预留的线端如图所示穿过线圈，并拉出。

3 松开左手捏住的部分，使之形成1个较小的线圈，如图在小线圈中穿入2根棒针。

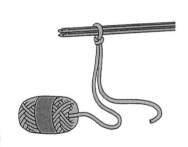

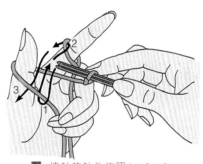

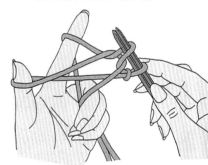

4 拉紧两端的编织线（起针第1针完成），将短线绕在大拇指上，连着线团的线则绕在食指上。

5 棒针的针头依照1、2、3的箭头所示顺序移动，将线绕在棒针上。

6 完成1针。

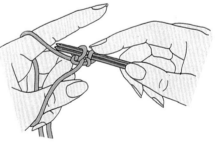

7 松开大拇指上的线，沿着箭头所示方向勾住另一根编织线。

8 大拇指拉线，抽紧编织线圈（起针第2针完成），重复步骤5~8，起所需的针数。

9 图为起针完成的状态（起好编织所需的针数）。

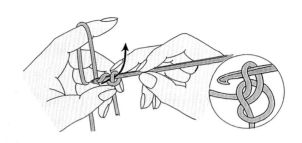

1 将钩针置于线下方，沿箭头方向绕一个圈。

2 左手捏住交叉处，钩针挂线如图箭头所示引拔拉出。

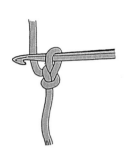

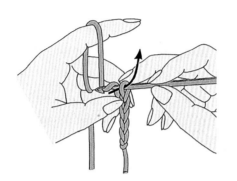

3 拉线抽紧线圈。

4 重复"钩针挂线、引拔拉出"的过程钩锁针，锁针的针数要略多于所需的针数。

5 最后，将钩针上的线圈引拔拉出，断线并拉紧线头。

17

正面

反面

锁针的里山

6 锁针编织完成。

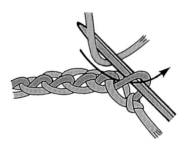

7 在锁针编织的结束处，用棒针挑起反面的线圈（锁针的里山），挂线绕出，作为起针。

8 从锁针的反面里山处逐针挑起。（这里为了方便理解，多织了几行。）

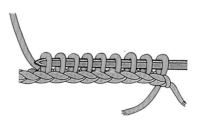

9 挑出必要的针数作为起针，别线锁针起针完成。

第1行

1 预留长为织物宽度3倍左右的线端，如图所示挂好线。

— 线端

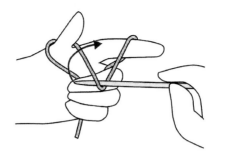

2 用棒针挑起拇指与食指中间的线，如箭头所示绕线。

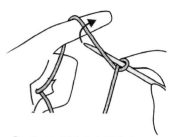

3 继续如图箭头所示绕线。

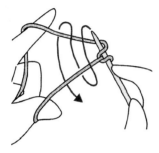

4 将棒针如箭头所示依次绕线。

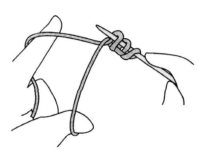

5 图为棒针上起了3针的状态。

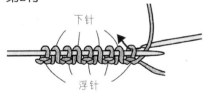

6 重复步骤4~5，起所需的针数。

Part **1** 各种常用的起针法

18

第2行

下针

浮针

7 第1针不做编织，直接移至右针上（浮针），接着编织1针下针。

8 重复此规律，1针浮针、1针下针（浮针统一不作编织，直接移至右针，只编织下针）至左端。

第3行

9 翻转织片，端针织浮针，接着织下针，重复此规律1针浮针、1针下针至左端。

第4行

10 翻转织片，从右端开始重复编织1针上针、1针下针至左端。

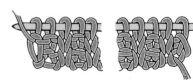

11 最后1针编织上针，图为第4行织好的状态。

双罗纹起针法

前面的步骤与单罗纹起针相同。用编织线直接在棒针上起针，采用这种方法起针的织片伸缩性好。

第1行

1 前面第1行的起针方法可参考单罗纹起针步骤1~5，起所需的针数。

2 将织片换转方向，接着编织第2行。

第2行

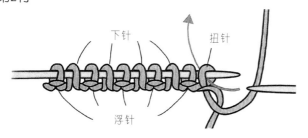

下针　扭针　浮针

3 开始编织第2行，右边端针织1针扭针，接着织1针浮针（不编织直接移至右棒针上），再织1针下针，重复1针浮针、1针下针，编织至左端。

第3行

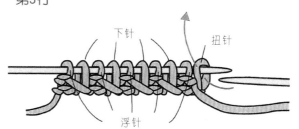

下针　扭针　浮针

4 翻转织片，开始编织第3行，右边端针织1针扭针，接着织1针浮针，再织1针下针，重复1针浮针、1针下针，编织至左端。

第4行

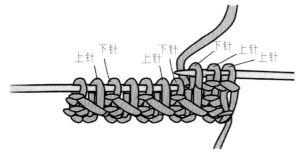

上针　下针　上针　下针　下针　上针　上针

5 翻转织片，开始编织第4行，第1针、第2针分别织上针，第3针、第4针织下针，接着又织2针上针、2针下针。依此规律重复编织至左端。

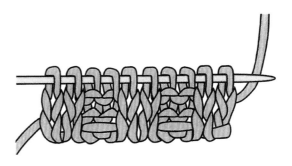

6 图为双罗纹起针第4行编织完成的状态。

第1行

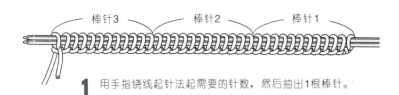

棒针3　　棒针2　　棒针1

1 用手指绕线起针法起需要的针数，然后抽出1根棒针。

2 如图所示，将起好的针均匀地分配在3根棒针上。

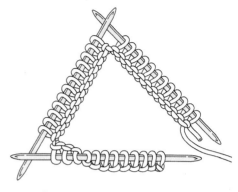

3 注意不要使针脚发生扭曲，使之成为一个三角环。

第2行

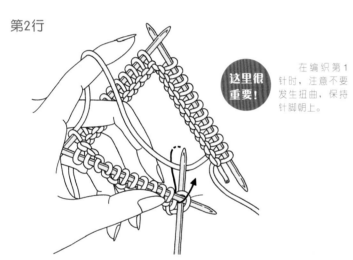

这里很重要！ 在编织第1针时，注意不要发生扭曲，保持针脚朝上。

4 将编织线绕在左手手指上，用第4根棒针穿入第1针中，如箭头所示，绕线编织下针。

第3行

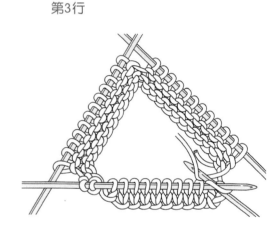

5 在每两根棒针的交界处，换第4根棒针开始进行环形编织。

错开开始编织时的第1针

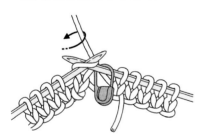

6 在两行的交界处，挂记号扣做上记号，用棒针3在下一行起始处，挑出1针编织下针。

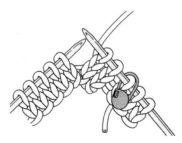

7 在记号扣旁编织2针，换1根棒针，继续编织下1针。

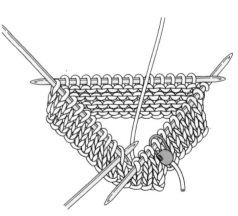

8 更换棒针时，要错开几针编织，这样就不会留下连接成环状时的印记。

Part 2

棒针的基本
针法与符号

下针、上针

≡ 下针

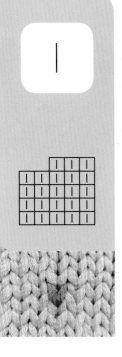

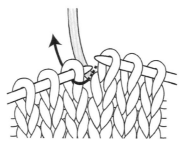

1 将线置于外侧，右棒针由里向外如箭头所示穿入左棒针上的第1针。

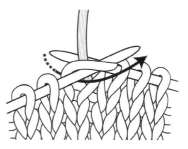

2 在右棒针上绕线，如箭头所示将线向身前侧引出。

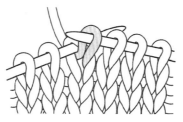

3 右棒针引出线圈后，将左棒针上的第1个线圈滑出。

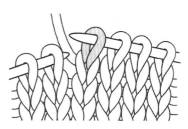

4 1针下针编织完成。

≡ 上针

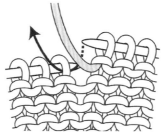

1 将线置于内侧，右棒针由外向里如箭头所示穿入左棒针上的第1针。

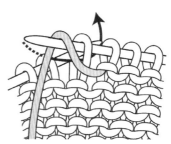

2 在右棒针上绕线，如箭头所示将线引出。

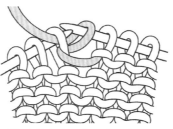

3 右棒针引出线圈后，将左棒针上的第1个线圈滑出。

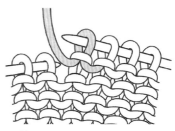

4 1针上针编织完成。

加针

≡ 镂空针

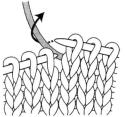

1 右棒针如箭头所示绕线。

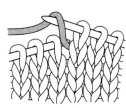

2 图为右棒针上绕了线的状态。

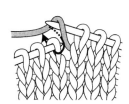

3 将右棒针如箭头所示插入左棒针的第1针。

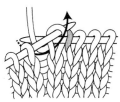

4 右棒针绕线，如箭头所示将线引出。

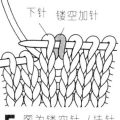

下针　镂空加针

5 图为镂空针（挂针加1针）的状态。

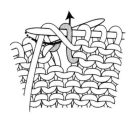

6 在下一行的镂空针上方，如箭头所示编织1针上针，完成整行，翻转织片。

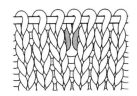

7 图为完成镂空针的下一行后，正面的状态。

≡ 卷针

1 左手食指如图所示带线作环，右棒针由下往上穿入环中。

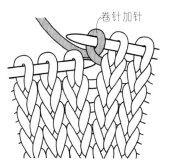

卷针加针

2 左手食指放线，拉紧右棒针上的线圈，接着织下针，完成整行，翻转织片再织1行上针。

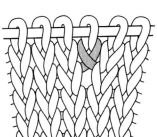

3 图为完成卷针的下一行后，正面的状态。

左加针

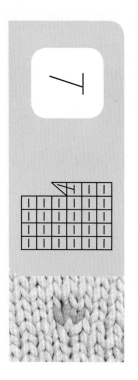

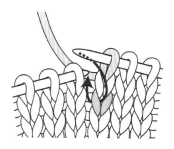

1 将右棒针从图中箭头所示
位置插入，挑起针脚。

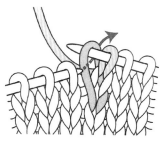

2 左棒针如箭头所示插入挑
起的线圈中，将线圈直接
移至左棒针上。

3 右棒针如图箭头所示
入针。

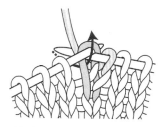

4 在右棒针上绕线，如箭头所
示，编织1针在下针。

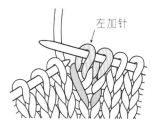

5 图为1针左加针完成的状态。

左加针

上针的左加针

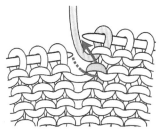

1 将线放置身前侧，右棒针从
图中箭头所示位置插入，挑
起线圈。

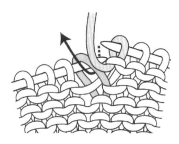

2 将挑起的线圈直接移至左棒针上，
右棒针如箭头所示入针。

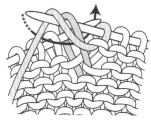

3 在右棒针上绕线，如箭头所示
引出线圈，编织1针上针。

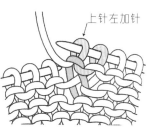

4 图为1针上针的左加针完成
的状态。

上针左加针

右加针

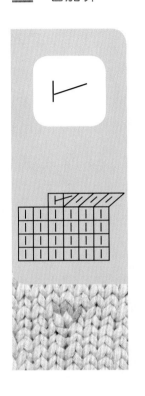

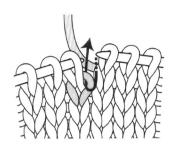

1 将右棒针从图中箭头所示位置插入，挑起线圈。

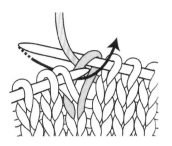

2 在右棒针上绕线，如箭头所示引出线圈，编织1针下针。

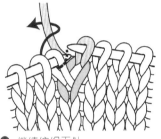

3 继续编织下针。

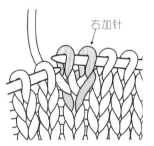

右加针

4 图为1针右加针编织完成的状态。

上针的右加针

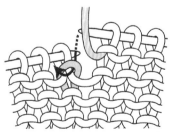

1 将线放置身前侧，右棒针从图中箭头所示位置插入，挑起线圈。

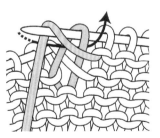

2 将挑起的线圈如箭头所示，绕线编织上针。

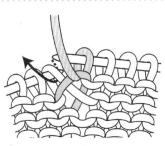

3 继续编织上针。

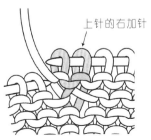

上针的右加针

4 图为1针上针的右加针编织完成的状态。

☰ 1针编出3针的加针

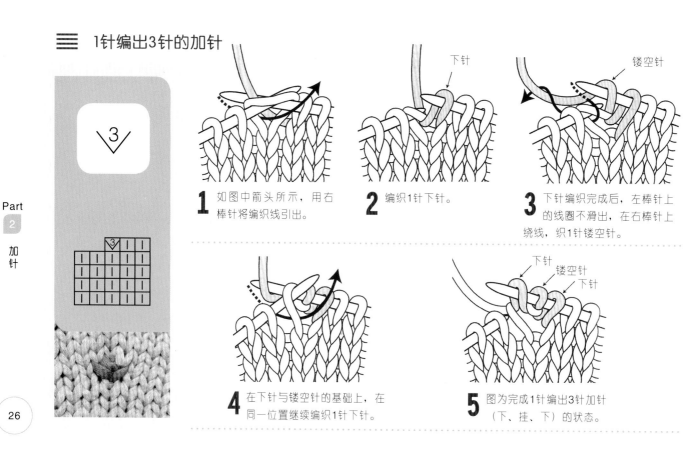

1 如图中箭头所示，用右棒针将编织线引出。

2 编织1针下针。

下针

3 下针编织完成后，左棒针上的线圈不滑出，在右棒针上绕线，织1针镂空针。

镂空针

4 在下针与镂空针的基础上，在同一位置继续编织1针下针。

5 图为完成1针编出3针加针（下、挂、下）的状态。

下针 镂空针 下针

☰ 1针编出5针的加针

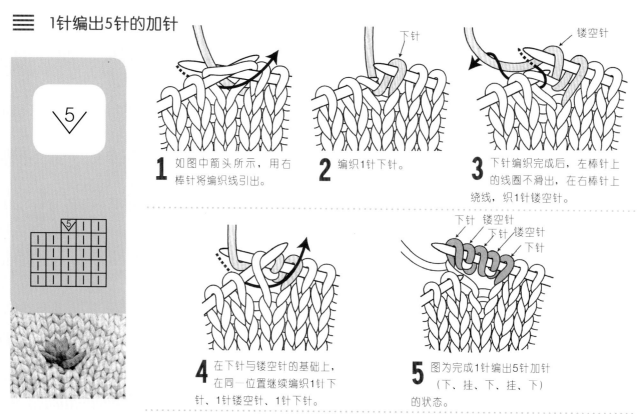

1 如图中箭头所示，用右棒针将编织线引出。

2 编织1针下针。

下针

3 下针编织完成后，左棒针上的线圈不滑出，在右棒针上绕线，织1针镂空针。

镂空针

4 在下针与镂空针的基础上，在同一位置继续编织1针下针、1针镂空针、1针下针。

5 图为完成1针编出5针加针（下、挂、下、挂、下）的状态。

下针 镂空针 下针 镂空针 下针

☰ 右上2针并1针（覆盖）

移至右棒针

1 右棒针如图中箭头所示插入左棒针的第1针，不做编织直接移至右棒针。

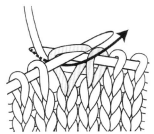

2 再插入左棒针的第2针，绕线，如箭头所示引出线圈，编织1针下针。

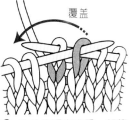

覆盖

3 下针编织完成后，如箭头所示，将左棒针穿入未编织的那1针，覆盖在步骤2编织的那1针下针上。

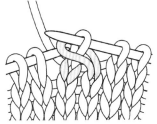

4 覆盖完毕后，将线圈从左棒针上滑出。

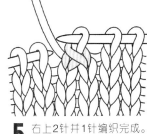

5 右上2针并1针编织完成。

☰ 上针右上2针并1针

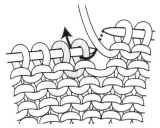

1 右棒针如图中箭头所示插入左棒针的第1针，不做编织直接移至右棒针。

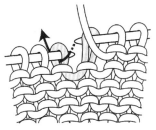

2 再如箭头所示插入左棒针的下1针，不做编织直接移至右棒针。

3 将左棒针如箭头所示插入刚移过来的2个线圈中，再次移到左棒针上。

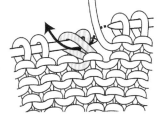

4 将右棒针如箭头所示插入左棒针上的2个线圈，绕线，从2针中一起引出线圈，编织1针上针。

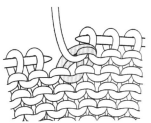

5 将线圈从左棒针上滑出，上针右上2针并1针完成。

左上2针并1针

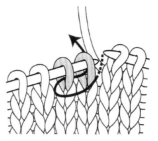

1 右棒针如图中箭头所示，从左向右同时穿入2针。

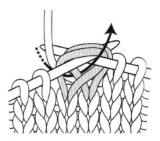

2 在右棒针上绕线，如箭头所示，从2针中一起引出线圈，编织1针下针。

3 完成下针后，将线圈从左棒针上滑出。

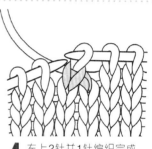

4 左上2针并1针编织完成。

上针左上2针并1针

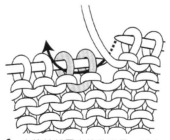

1 右棒针如图中箭头所示，从右向左同时穿入2针。

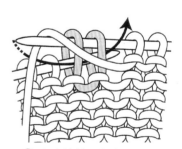

2 在右棒针上绕线，如箭头所示从2针中一起引出线圈，编织1针上针。

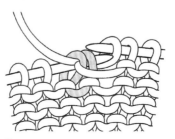

3 完成上针后，将线圈从左棒针上滑出。

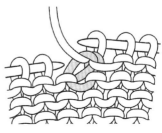

4 上针左上2针并1针编织完成。

≡ 右上3针并1针

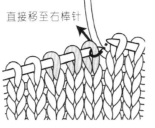
直接移至右棒针

1 如图中箭头所示，左棒针的第1针不做编织，将其移至右棒针上。

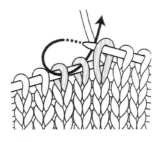

2 如图中箭头所示，将右棒针从左向右同时穿入两针中。

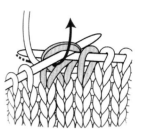

3 绕线，从后面穿入的两针中一起引出线圈，编织1针下针。

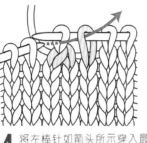

4 将左棒针如箭头所示穿入最开始移过来的1针中。

覆盖

5 将挑起的1针覆盖在前1针上。

6 右上3针并1针编织完成。

≡ 左上3针并1针

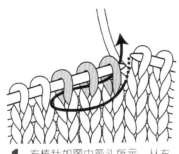

1 右棒针如图中箭头所示，从左向右同时穿入3针。

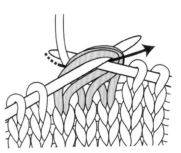

2 在右棒针上绕线，如箭头所示从3针中一起引出线圈，编织1针下针。

3 完成下针后，将线圈从左棒针上滑出。

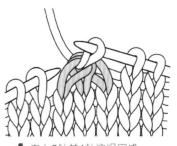

4 左上3针并1针编织完成。

☰ 中上3针并1针

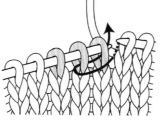

1 将右棒针从左向右同时穿入左棒针上的2针，不做编织直接移至右棒针上。

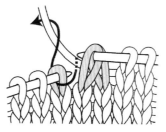

2 右棒针再次如箭头所示穿入1针，绕线，编织1针下针。

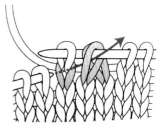

3 将左棒针如箭头所示穿入最初移过来的2针中。

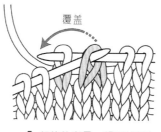

4 如箭头所示，将2针覆盖在前面1针上。

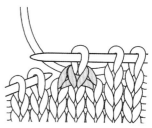

5 中上3针并1针编织完成。

☰ 上针中上3针并1针

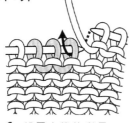

1 如图中箭头所示，左棒针第1针不做编织，将其直接移至右棒针上。

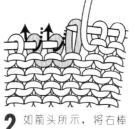

2 如箭头所示，将右棒针依次穿入两针中，不做编织，直接移至右棒针上。

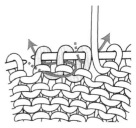

3 左棒针如箭头所示，从右向左同时穿入两针中，并将其移至左棒针上，接着从左向右穿入1针并将其移至左棒针上。

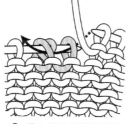

4 将左棒针如箭头所示同时穿入左棒针上的3针中。

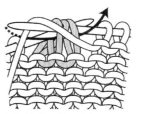

5 绕线，从3针中一起引出线圈，编织1针上针。

6 上针中上3针并1针编织完成。

收针

≡ 下针的平收针（套收）

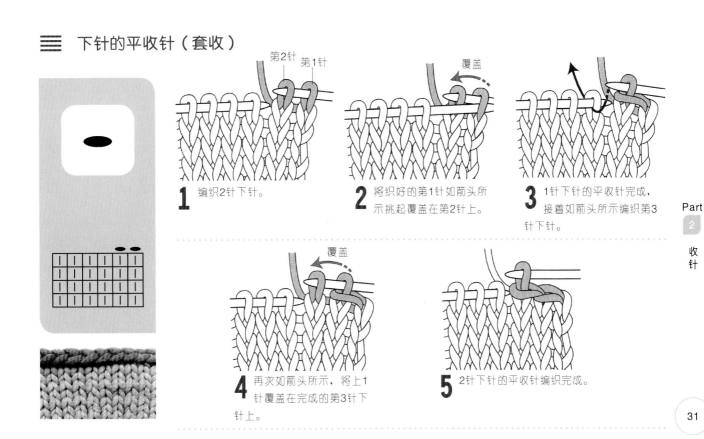

1 编织2针下针。

2 将织好的第1针如箭头所示挑起覆盖在第2针上。

3 1针下针的平收针完成，接着如箭头所示编织第3针下针。

4 再次如箭头所示，将上1针覆盖在完成的第3针下针上。

5 2针下针的平收针编织完成。

≡ 上针的平收针（套收）

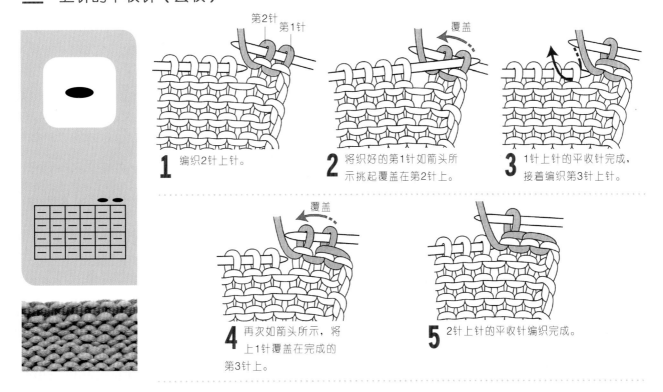

1 编织2针上针。

2 将织好的第1针如箭头所示挑起覆盖在第2针上。

3 1针上针的平收针完成，接着编织第3针上针。

4 再次如箭头所示，将上1针覆盖在完成的第3针上。

5 2针上针的平收针编织完成。

交叉针

≡ 右上1针交叉针

Part
2

交
叉
针

32

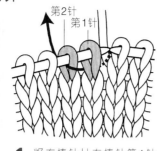

1 将右棒针从左棒针第1针的背面穿入，再如箭头所示插入第2针中。

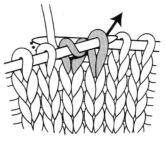

2 在右棒针上绕线，如箭头所示引出线圈，织1针下针。

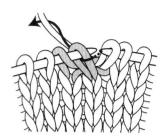

3 左边的针仍挂在左棒针上，在右边的针上编织1针下针。

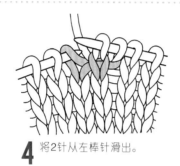

4 将2针从左棒针滑出。

5 右上1针交叉针编织完成。

≡ 右上1针交叉针（下侧上针）

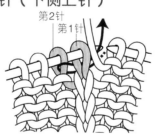

1 将线放置身前侧，将右棒针绕过第1针，如箭头所示从背面插入第2针中。

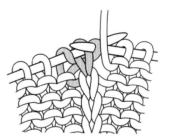

2 图为穿入后拉出的状态。

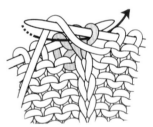

3 在右棒针上绕线，编织1针上针。

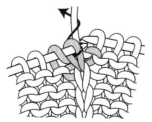

4 将右棒针上拉出的针滑出，如箭头所示在左棒针的第1针中编织1针下针，接着将2针从左棒针滑出。

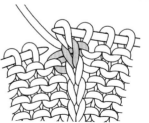

5 下侧上针的右上1针交叉针编织完成。

☰ 左上1针交叉针

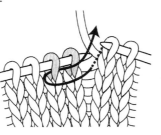

1 将右棒针如箭头方向插入左棒针上的第2针。

2 将挑起的线圈拉长至右侧，绕线，织1针下针。

3 将编织完成的1针留在左棒针上，再如箭头所示，从左棒针上的第1针中插入右棒针。

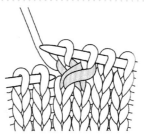

4 绕线，编织1针下针，将2针从左棒针上滑出。

5 左上1针交叉针编织完成。

☰ 左上1针交叉针（下侧上针）

1 将右棒针如箭头方向插入左棒针上的第2针。

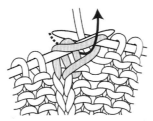

2 将挑起的线圈拉长至右侧，绕线，织1针下针。

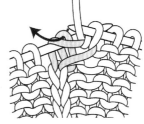

3 将编织完成的1针留在左棒针上，将线带至身前方，如箭头所示将右棒针插入左棒针上的第1针。

4 绕线，编织1针上针。

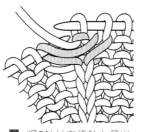

5 将2针从左棒针上滑出。

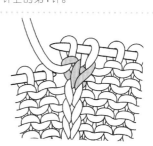

6 上针下侧的左上1针交叉针编织完成。

三 1上针和1扭针的右上交叉针（下侧上针）

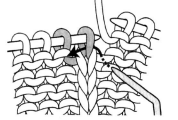

1 将左棒针上的第1针如箭头所示移至麻花针上，并将麻花针置于身前侧。

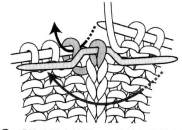

2 将线放置身前侧，右棒针如箭头所示插入左棒针上的第1针，绕线，编织1针上针。

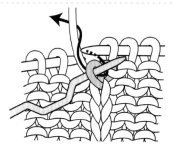

3 将左棒针上的1针滑出，右棒针如箭头所示插入移至麻花针上的1针中，绕线，编织1针下针的扭针。

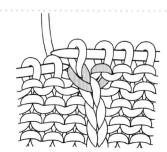

4 将该针从麻花针上滑出，1上针和1扭针的右上交叉(下侧上针)编织完成。

三 1上针和1扭针的左上交叉（下侧上针）

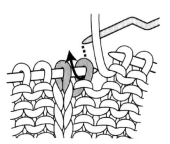

1 将左棒针上的第1针如箭头所示移至麻花针上，并将麻花针置于外侧。

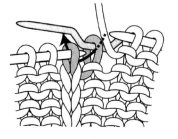

2 右棒针如箭头所示插入左棒针上的第1针，绕线，编织1针下针的扭针，将左棒针上的1针滑出。将右棒针插入移至麻花针上的1针中，绕线，编织1针上针。

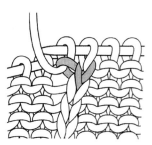

3 将该针圈从麻花针上滑出，1上针和1扭针的左上交叉针(下侧上针)编织完成。

Part
2
交
叉
针

穿左针交叉针

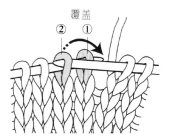

1 将右棒针插入②，再如箭头所示将②覆盖①，互相交换位置。

2 从②中如箭头所示插入右棒针，织1针下针。

3 接着在①中也如箭头所示插入针，织1针下针。

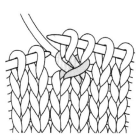

4 穿左针交叉针编织完成。

穿右针交叉针

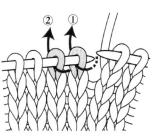

1 右棒针分别从身前侧插入①、②，不编织直接移至右棒针上。

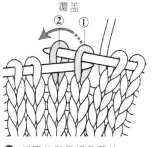

2 如箭头所示将①覆盖②，互相交换位置并挂在左棒针上。

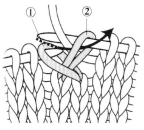

3 先将②织1针下针。

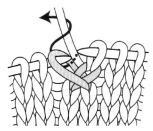

4 然后如箭头所示，将右棒针从①处入针，织1针下针。

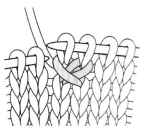

5 穿右针交叉针编织完成。

2下针与1上针的右上交叉针（下侧上针）

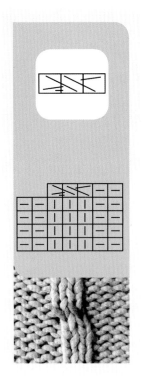

不编织移至
麻花针上

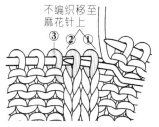

1 将①、②分别移至麻
花针上。

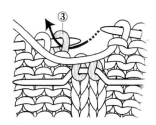

2 将麻花针放置身前侧，
右棒针如箭头所示插入
③，织1针上针。

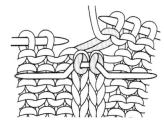

3 图为1上针完成的状态。

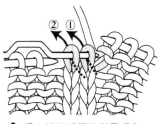

4 将右棒针如箭头所示插入
移至麻花针上的2针，分
别织下针。

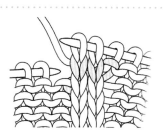

5 2下针与1上针的右上交叉
针(下侧上针)编织完成。

2下针与1上针的左上交叉

不编织移至
麻花针上

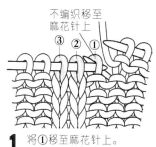

1 将①移至麻花针上。

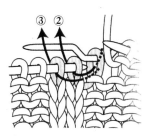

2 将麻花针放置外侧，右棒
针如箭头所示插入②、
③，分别织下针。

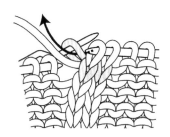

3 将右棒针如箭头所示插入
移至麻花针上的①中。

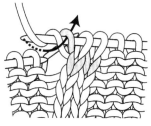

4 绕线，织1针上针。

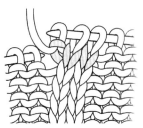

5 2下针与1上针的左上交叉
针(下侧上针)编织完成。

≡ 右上2针交叉针

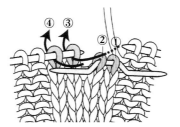

1 将①、②分别移至麻花针上，麻花针放置身前侧，右棒针如箭头所示分别插入③、④，织2针下针。

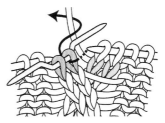

2 将右棒针如箭头所示插入移至麻花针上的①中，织1针下针。

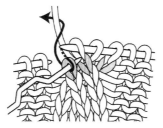

3 再将右棒针如箭头所示插入移至麻花针上的②中，织1针下针。

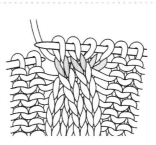

4 右上2针交叉针编织完成。

≡ 左上2针交叉针

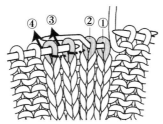

1 将①、②分别移至麻花针上，麻花针放置后侧，右棒针如箭头所示分别插入③、④，织2针下针。

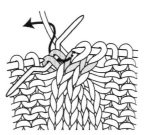

2 将右棒针如箭头所示插入移至麻花针上的①中，织1针下针。

3 再将右棒针如箭头所示插入移至麻花针上的②中，织1针下针。

4 左上2针交叉针编织完成。

2下针、2上针、2下针的右上交叉针

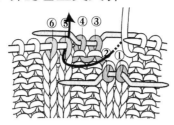

1 将①、②分别移至麻花针上，麻花针放置身前侧，③、④移至另一个麻花针上，放置后侧，将右棒针如箭头所示分别插入⑤、⑥，织2针下针。

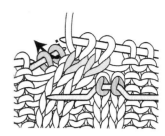

2 将右棒针如图箭头所示分别插入移至麻花针上的③、④中，织2针上针。

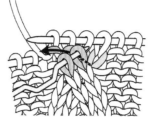

3 再将右棒针如图箭头所示分别插入移至麻花针上的①、②中，织2针下针。

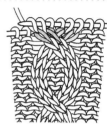

4 2下针、2上针、2下针的右上交叉针编织完成。

2下针、2上针、2下针的左上交叉针

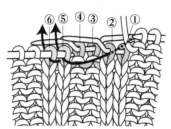

1 将①、②分别移至麻花针上，麻花针放置后侧，③、④移至另一个麻花针上，放置后侧，将右棒针如箭头所示分别插入⑤、⑥，织2针下针。

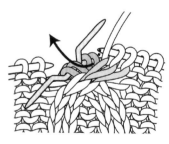

2 将右棒针如图箭头所示分别插入移至麻花针上的③、④中，织2针上针。

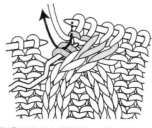

3 再将右棒针如图箭头所示分别插入移至麻花针上的①、②中，织2针下针。

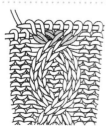

4 2下针、2上针、2下针的左上交叉针编织完成。

枣形针

3针3行的枣形针

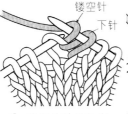 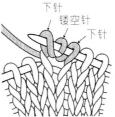 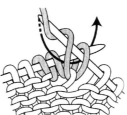 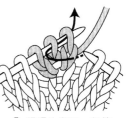

镂空针
下针
下针
镂空针
下针

1 将右棒针穿入左棒针第1针中，织下针，左棒针上的针不滑出。

2 在同1针内，织1针镂空针、1针下针，这样就完成了第1行的1针编出3针。

3 将织片翻面，依次编织3针上针（正面下针，反面上针），完成第2行的3针下针。

4 将织片翻面，如箭头所示将左棒针上的2针移至右棒针上，不做编织。

覆盖

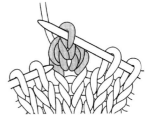

5 将右棒针插入左棒针剩下的1针，编织1针下针。

6 用左棒针挑起移至右棒针上的2针，覆盖到刚编织完成的下针上，完成第3行的中上3针并1针。

7 3针3行的枣形针编织完成。

使用钩针编织的枣形针（中长针3针的情况）

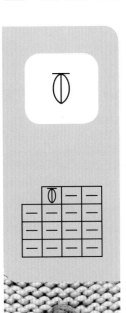

 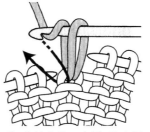 

1 将钩针插入针中，如箭头所示引出线圈。

2 钩针挂线，在同1针中再次入针，引出线圈，同样的步骤共进行3次。

3 钩针挂线，如箭头所示一起引拔拉出线圈。

 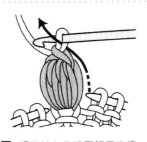 

4 钩针挂线，再次引拔拉出。

5 将钩针上的线圈移至右棒针上。

6 使用钩针编织的中长针3针枣形针完成。

下针
镂空针
下针
镂空针
下针

1 在同1针内依次编织下针、镂空针、下针、镂空针、下针共5针，这样就完成了第1行的1针编出5针。

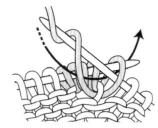

2 织片翻面，如箭头所示将这5针依次编织上针（正面看是下针，反面则织上针）完成第2行。

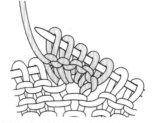

3 图为第2行编织完成的状态，将织片翻面，编织5针下针完成第3行，再将织片翻面，编织5针上针（正面看是下针，反面则织上针）完成第4行。

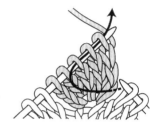

4 织片翻面，将右棒针如图箭头所示同时穿入左棒针上的前3针，这3针不做编织直接移至右棒针上。

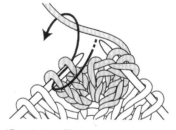

5 将右棒针如图箭头所示穿入余下的2针中，一起引出线圈，完成1针下针编织。

覆盖

6 将左棒针如图箭头所示挑起移至右棒针上的1针覆盖在刚完成的下针上。

覆盖

7 同样的方法，将移至右棒针的另外2针也依次覆盖在左边的针上。

8 5针5行的枣形针编织完成(下针)。

延伸针

下针挂线延伸针（3行的情况）

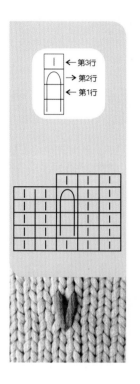

第1行

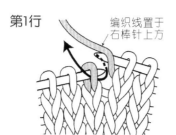

编织线置于右棒针上方

1 将编织线置于右棒针上方，右棒针如图箭头所示插入左棒针的1针中。

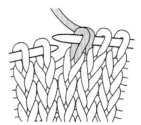

2 不做编织，直接移至右棒针上。

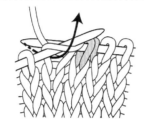

3 右棒针再次插入左棒针上的1针，编织1针下针。继续编织，完成第1行。

第2行

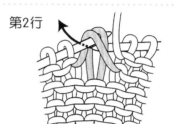

4 织片翻面，编织至上1行挂线的1针，如图箭头所示，将右棒针插入之前移过来的2个线圈中。

5 绕线，此时，右棒针上有3个线圈。继续编织，完成第2行。

第3行

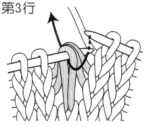

6 编织至上1行挂线的1针，将右棒针如图箭头所示插入3个线圈中，从3针中一起编出1针下针。

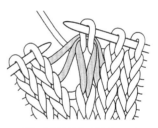

7 下针挂线延伸针（3行的情况）编织完成。

另一种编织方法

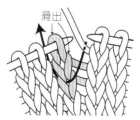

滑出

1 如图箭头所示，从要编织的这1针往下数的第3行针脚中插入右棒针，将上2行的针从左棒针上滑出。

2 右棒针挑起第3行的线圈和上2行的渡线，绕线，如图中箭头所示从3个线圈中一起编出1针下针。

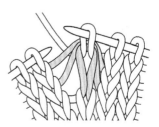

3 下针挂线延伸针（3行的情况）编织完成。

Part

2

延伸针

41

☰ 上针挂线延伸针（3行的情况）

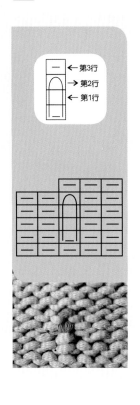

第1行

1 编织至延伸针处，将左棒针的第1针移至右棒针上，右棒针绕线，再将左棒针第2针编织1针上针。继续编织，完成第1行。

第2行

2 织片翻面，编织至上1行挂线的1针，将右棒针如图箭头所示依次插入左棒针上的2针分别编织下针。

第3行

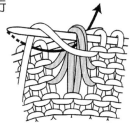

3 织片翻面，编织至上1行挂线的1针，从3个线圈中一起编出1针上针。

4 上针挂线延伸针（3行的情况）编织完成。

☰ 扭针挂线延伸针（3行的情况）

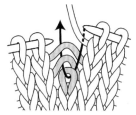

1 将左棒针上的第1针滑出，从往下数第3行线圈中，如箭头所示插入右棒针，往上挑起3个线圈。

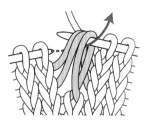

2 将右棒针挑起的3个线圈，如箭头所示分别移至左棒针上。

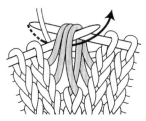

3 将右棒针插入刚移过来的3个线圈中，绕线，如箭头所示从3针中一起编出1针下针。

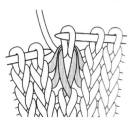

4 扭针挂线延伸针（3行的情况）编织完成。

浮针

浮针

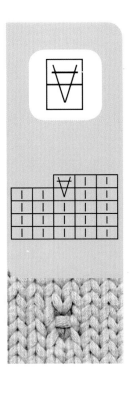

第1行

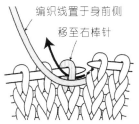

编织线置于身前侧
移至右棒针

1 将编织线放置身前侧，右棒针如箭头所示由外向里穿入1针，不做编织，将其直接移至右棒针上。

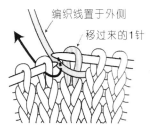

编织线置于外侧
移过来的1针

2 编织线放置外侧，将右棒针如箭头所示插入左棒针的下1针中，编织1针下针。

3 浮针的第1行完成。

第2行

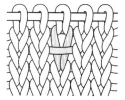

4 织片翻面，在编织浮针的位置上，如箭头所示编织1针上针。

5 图为1针浮针完成后织片正面的状态。

上针的浮针

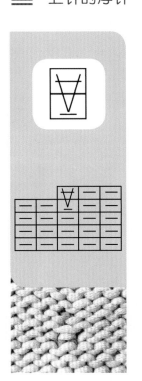

第1行

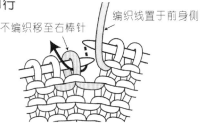

不编织移至右棒针
编织线置于前身侧

1 将编织线放置身前侧，右棒针如箭头所示由外向里穿入1针，不做编织，将其直接移至右棒针上。

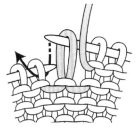

2 将右棒针如箭头所示插入左棒针的下1针，编织1针上针。

3 浮针的第1行完成。

第2行

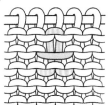

4 织片翻面，在编织浮针的位置上，编织1针下针。图为1针上针的浮针完成后织片正面的状态。

滑针

第1行

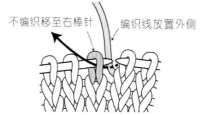

不编织移至右棒针　　　编织线放置外侧

1 编织线放置外侧，将右棒针如箭头所示穿入左棒针的1针中，不做编织，将其直接移至右棒针上。

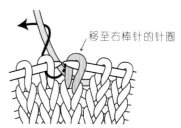

移至右棒针的针圈

2 编织线放置外侧，将右棒针如箭头所示插入左棒针的下1针，编织1针下针。

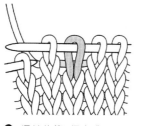

3 滑针的第1行完成。

第2行

4 织片翻面，在编织滑针的位置，如图箭头所示编织1针上针。

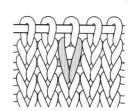

5 织片翻面，图为完成1针滑针织片正面的状态。

上针的滑针

第1行

不编织移至右棒针　　　编织线放置外侧

1 编织线放置外侧，将右棒针如箭头所示穿入左棒针的1针中，不做编织，将其直接移至右棒针上。

编织线置于身前侧

2 编织线放置身前侧，将右棒针如图箭头所示插入左棒针的下1针中，编织1针上针。

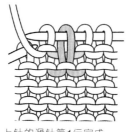

3 上针的滑针第1行完成。

第2行

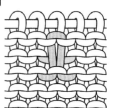

4 织片翻面，在编织滑针的位置，编织1针下针。图为1针上针的滑针完成后织片正面的状态。

穿右针（下针、镂空针、下针）

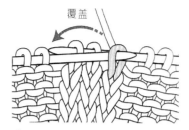

1 将①、②、③，这3针如箭头所示分别移至右棒针上。

2 如图箭头所示，将①覆盖在针②、③上，再将②、③分别移至左棒针上。

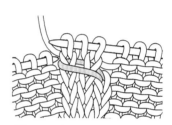

3 右棒针插入②，编织1针下针。

4 右棒针挂线，编织1针镂空针，再插入③，编织1针下针。

5 穿右针（下针、镂空针、下针）编织完成。

穿左针（下针、镂空针、下针）

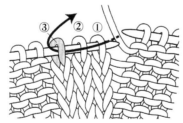

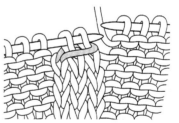

1 将右棒针如图箭头所示穿入③中。

2 将③从左向右覆盖在针②、①上。

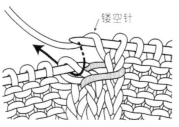

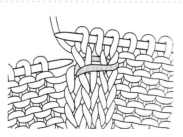

3 右棒针穿入①，编织1针下针，挂线，编织1针镂空针，再穿入②编织1针下针。

4 穿左针（下针、镂空针、下针）编织完成。

☰ 卷针2次

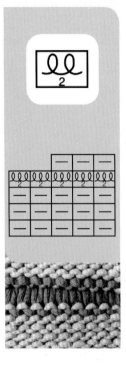

第1行

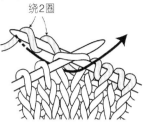

绕2圈

1 将右棒针插入左棒针的1针中，在右棒针上绕2圈线，如图前头所示引出线圈。

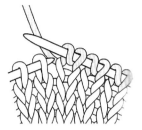

2 在下1针也用同样的方法编织，直至编织完整行。

第2行

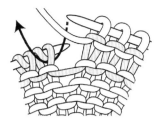

3 织片翻面，编织线放置身前侧，将右棒针如图箭头所示，穿入左棒针的1针中编织1针上针。

滑出

4 编织完上针的同时，将左棒针上的这2个线圈同时滑出。

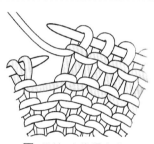

5 卷针2次编织完成。

☰ 卷针3次

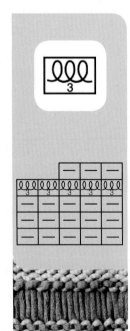

第1行

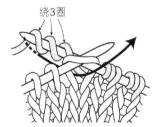

绕3圈

1 将右棒针插入左棒针的针圈，在右棒针上绕3圈线，如图箭头所示引出线圈。

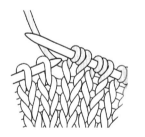

2 下1针也用同样的方法编织，直至编织完整行。

第2行

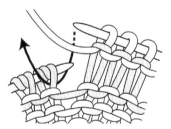

3 织片翻面，编织线放置身前侧，将右棒针如箭头所示，穿入左棒针的1针中编织1针上针。

滑出针圈

4 编织完上针的同时，将左棒针上的这3个线圈同时滑出。

5 卷针3次编织完成。

扭针

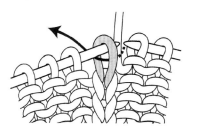

1 右棒针如箭头所示从外侧开始，插入左棒针的第1针。

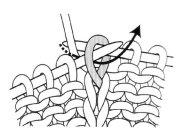

2 在右棒针上绕线，如箭头所示向身前侧引出线圈。

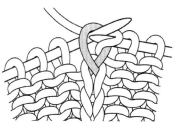

3 引出线圈的下面1针根部呈扭曲状。

4 1针扭针编织完成。

上针的扭针

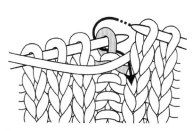

1 将线放置身前侧，右棒针如箭头所示扭转插入左棒针的第1针。

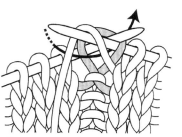

2 在右棒针上绕线，如箭头所示向外侧引出线圈。

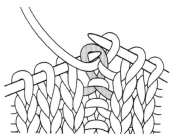

3 右棒针引出线圈后，将左棒针上的线圈滑出。

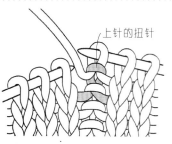

4 1针上针的扭针编织完成。

Part 3

棒针编织的
各种技巧

在织片上进行刺绣

横向刺绣

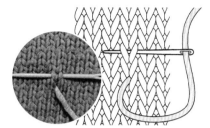

1 从需要刺绣的针脚下方引出线，如图所示，在上一行的针脚处挑出。

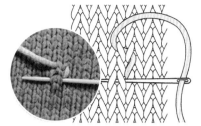

2 在步骤1最开始引出线的地方再次插入针，从旁边1个针脚处引出线。

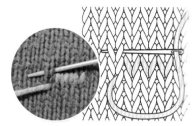

3 重复步骤1~2。

纵向刺绣

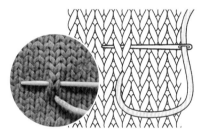

1 与横向刺绣一样，从需要刺绣的针脚下方引出线，在上一行的针脚处挑出。

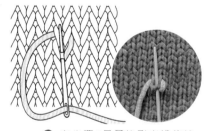

2 在步骤1最开始引出线的地方再次插入针，从需要刺绣的针脚下方处引出线。

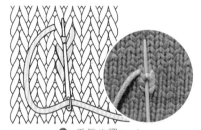

3 重复步骤1~2。

左斜方刺绣

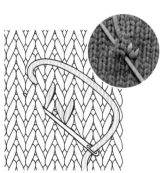

1 与横向刺绣的步骤1一样，从需要刺绣的针脚下方引出线，在上一行的针脚处挑出，再从左斜上方的针脚处引出线。

2 重复步骤1。

右斜方刺绣

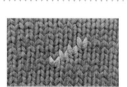

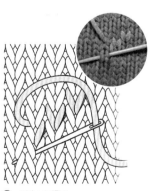

1 向右方刺绣操作不便，但可以通过向左斜下方刺绣实现相同的效果。与左斜方刺绣一样插入针，在左斜下方的针脚处引出针。

2 重复步骤1。

条纹配色花样的编织

≡ 细横条纹配色   编织2行或4行的细条纹时，不剪断线，在边端渡线进行编织。

织片

花样编织图

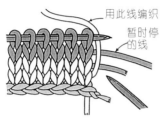

1 将编织线从手上移开，重新系上新线编织2行。

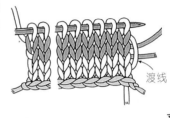

2 将之前停织的线放在左手上。

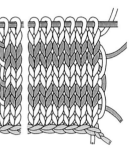

3 渡线不能拉得太紧，稍微放松些再编织。

4 替换配色线进行编织。

50

≡ 粗横条纹配色

织片

编织粗条纹或配色行数多的时候，需要断线。线端要隐藏在同色线的端针内。若线不剪断也可以。

花样编织图

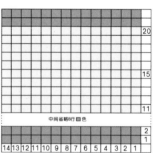

1 换线时，将正在编织的线留约8cm后剪断，接着用新线编织2~3针，然后将两色线端在边端轻轻打结。

2 用较粗的线编织时，完成织片后，解开结，将线端隐藏在端针内。

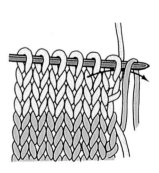

3 若下1个配色线上仅需编织3~5行，则可如图示将前1个配色线挂在棒针上和端针一起编织，将渡线夹住，但渡线不能放得太长，也不能拉得太紧。

≡ 粗竖条纹配色
（编织线纵向渡线）

最后编织的织片较薄，不限制编织线的粗细，织片反面出现与条纹数量一致的线结。

织片

正面

反面

花样编织图

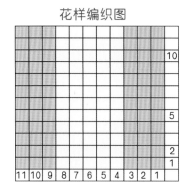

|10|
|5|
|2|
|1|

11 10 9 8 7 6 5 4 3 2 1

正面编织的行

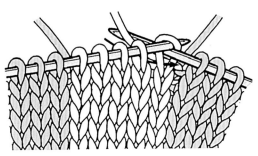

交叉
配色线   底线

1 用底线编织到配色线的地方，接着将配色线置于底线上方进行交叉。

2 用配色线进行编织。配色线编织完后，将配色线置于底线上方进行交叉，之后继续用底线编织。

反面编织的行

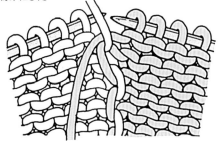

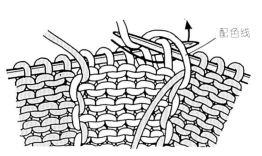

配色线

3 用底线编织到配色线的地方，将底线置于配色线上方进行交叉。

4 继续用配色线进行编织。

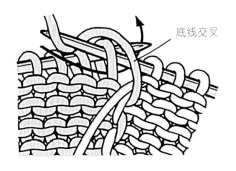

底线交叉

5 配色线编织完成后，用同样的方法再次将底线置于配色线上方进行交叉。之后按编织图继续编织完成织片。

☰ 细竖条纹配色
（编织线横向渡线）

在反面进行渡线，将配线在织片反面纵向穿插，使用1根底线进行编织。

织片

正面

反面

花样编织图

10

5

2
1

13 12 11 10 9 8 7 6 5 4 3 2 1

正面编织的行

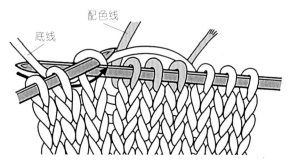

底线　配色线

1 开始从底线替换配色线进行编织，接着替换成底线编织1针(换线处将配色线置于底线下方)。

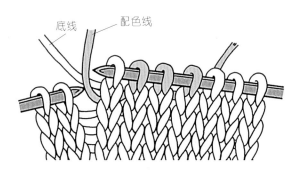

底线　配色线

2 之后将配色线置于底线上方，接着继续用底线进行编织。

反面编织的行

配色线

3 用底线编织到配色线处，替换成配色线编织3针上针。

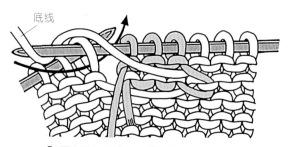

底线

4 再次换回底线，编织1针上针。

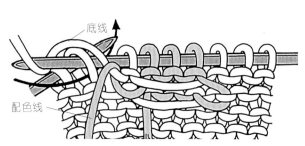

底线

配色线

5 将配色线从下往上绕在底线上方，接着继续用底线进行编织。

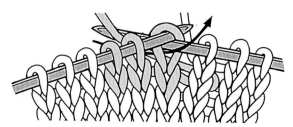

6 不论正面反面，底线换配色线时，正反面仅做换线编织即可，而配色线换成底线时，用底线织1针后，再将配色线绕在底线上方。

编织线横渡的花样编织

横向交换底线与配色线进行配色花样编织。直接将暂停编织的线在反面横向越过即可。适用于花样细小，横向排列的配色花样。

织片

正面

反面

花样编织图

第3行（正面）

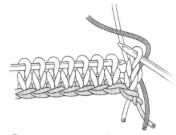

底线
配色线

1 将配色线与底线相互交叉，并从第1针的针脚处穿入棒针。

2 编织1针下针，将配色线绕至上方。

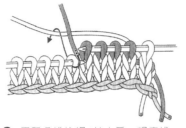

3 用配色线编织4针之后，将底线越过配色线编织的针脚反面，开始换用底线编织，并将配色线绕至上方。

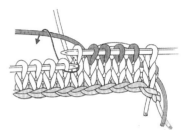

4 用底线编织1针下针（配色线置于底线上方），接下来使用配色线进行编织。更换编织线时，总保持底线在下，配色线在上的状态。

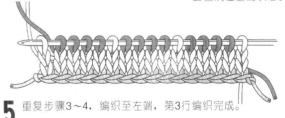

5 重复步骤3~4，编织至左端，第3行编织完成。

第4行（反面）

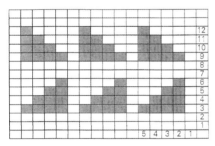

要点

在织片反面渡线时，注意不要将渡线拉得过紧。

6 将配色线绕至底线上方，在第1针针脚处，用底线进行编织。

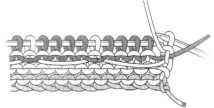

7 编织1针上针。

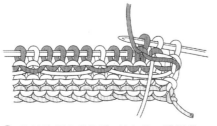

8 继续使用底线编织1针上针，将配色线绕至底线上方，继续编织。

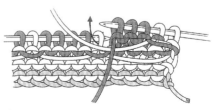

9 用配色线编织3针之后，将底线越过配色线编织的针脚反面，开始换用底线编织（将配色线绕至上方）。

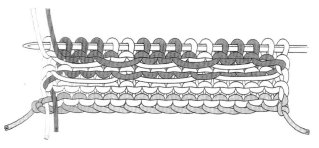

10 用配色线编至末端，最后1针换底线编织。

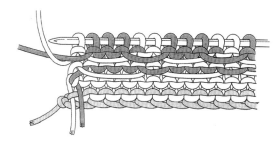

11 此行编织完成后，将配色线绕至底线上方。

第5行（正面）

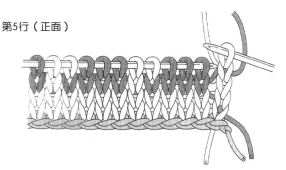

12 用底线编织第1针（配色线仍保持如图状态）。

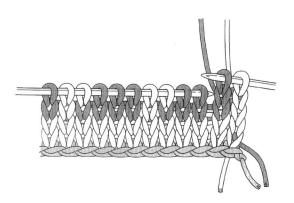

13 更换配色线编织1针下针（将配色线绕至上方）。

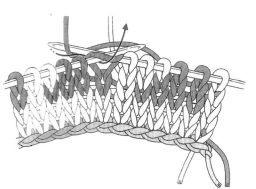

14 用同样的方法反复更换底线与配色线，按照第5行的编织图进行编织。

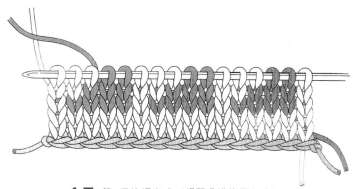

15 第5行编织完成（将配色线绕至上方）。

第6行（反面）

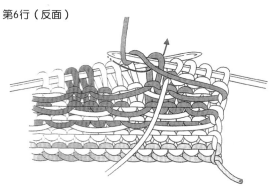

16 用底线编织4针后换配色线编织1针，之后交错着用底线编织4针，配色线编织1针进行花样编织。

第7行（正面）

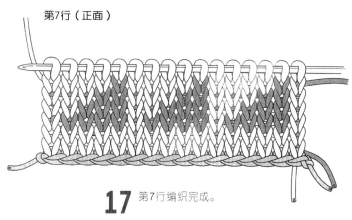

17 第7行编织完成。

☰ 左、右两侧第2针处减针（下针）

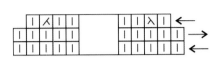

右侧

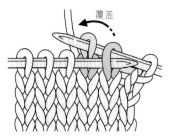

覆盖

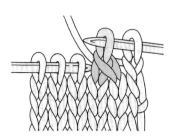

1 右端针编织下针，将第2针直接移至右棒针上，在第3针处进行下针编织。将右棒针上的第2针覆盖在编织后的第3针上方。

2 图为下针右侧第2针处减针完成的状态。

左侧

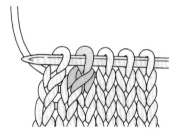

1 将左侧第2针与第3针编织左上2针并1针。

2 最后1针编织下针，则下针左侧的第2针处减针完成。

☰ 左、右两侧第2针处减针（上针）

右侧

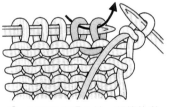

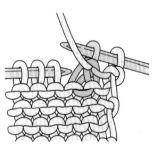

1 右端针编织上针，如箭头所示插入右棒针，2针一起编织上针。

2 图为上针右侧第2针处减针完成的状态。

左侧

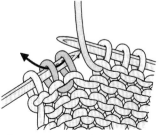

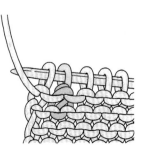

1 将右棒针如箭头所示，穿入左侧第2针与第3针中，2针一起编织上针。

2 最后1针编织上针，则上针左侧的第2针处减针完成。

左右两侧2针以上的减针

2针以上的减针操作也叫做收针，通常应用于袖窿、领口以及袖山处的编织。为了避免编织时留下线头，左右两侧要错开1行进行操作。

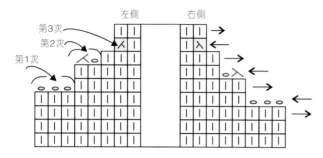

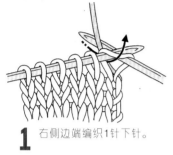

右侧第1次

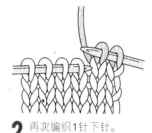

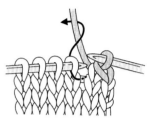

1 右侧边端编织1针下针。

2 再次编织1针下针。

3 如箭头所示，将右侧的1针覆盖在左侧1针的上方（即第1次的平收针）。

4 在第3针处，也编织1针下针，将之前的针覆盖在这1针的上方（第2针的平收针）。

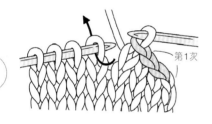

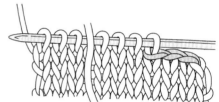

5 下1针同样编织1针下针，用之前的针覆盖在这1针上（第3针的平收针）。

6 接着编织下针至最左端，以下针结束，右侧第1次收针完成。

左侧第1次 （比右侧延迟1行操作）

7 翻转织片，右侧边端编织1针上针。

8 第2针处，再编织1针上针。

9 将右侧的1针覆盖在左侧的1针上方（即第1针的平收针）。

10 减针1针完成后，在第3针处，同样编织1针上针。

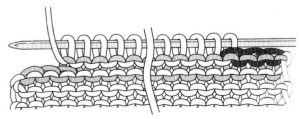

11 将右侧的1针覆盖在左侧的1针上方（即第2针平收针）。

12 下1针编织上针并覆盖，完成第3针的收针。从下1针开始连续编织上针。

13 编织上针至最左端，以上针结束。左侧第1次收针完成。

右侧第2次

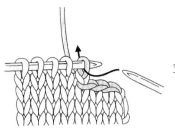

1 如箭头所示，将最边上的1针直接移至右棒针上。

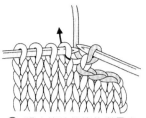

2 将右棒针如箭头所示穿入左棒针的1针中。

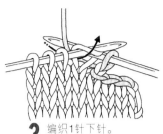

3 编织1针下针。

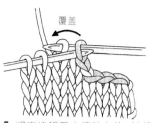

4 将直接移至右棒针上的1针如箭头所示覆盖在编织的1针下针的上方（即第1针的收针）。

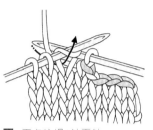

5 再次编织1针下针。

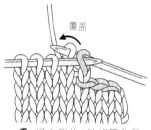

6 将右侧的1针如箭头所示覆盖在左侧的针上方（即第2针的收针）。

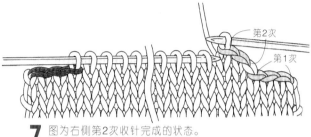

7 图为右侧第2次收针完成的状态。

左侧第2次　（比右侧延迟1行操作）

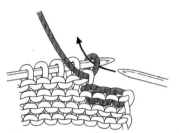

8 如箭头所示，将最边上的1针直接移至右棒针上。

9 如箭头所示，将右棒针由外向里穿入第2针内。

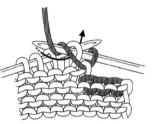

10 绕线，编织1针上针。

11 将直接移至右棒针上的1针如箭头所示覆盖在编织的1针上针的上方（即第1针的收针）。

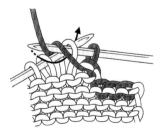

12 再次编织1针上针。

13 将右侧的1针如箭头所示覆盖在左侧的1针上方（即第2针的收针）。

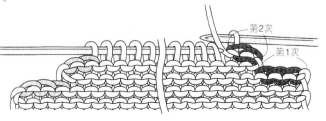

14 图为左侧第2次收针（2针）编织完成的状态。

右侧第3次 （右侧、左侧在同一编织行上减针）

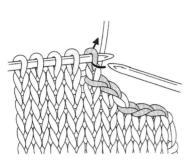 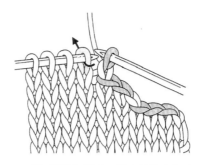 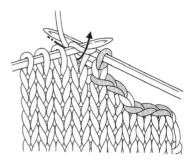

1 最边上的1针不编织，直接移至右棒针上。

2 如箭头所示，将右棒针穿入左棒针第1针内。

3 如箭头所示，编织1针下针。

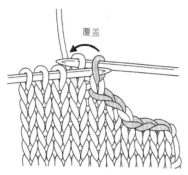 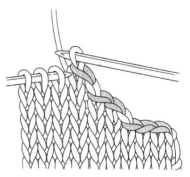

覆盖

4 将直接移至右棒针上的1针覆盖在编织下针的上方。

5 右侧第3次的减针编织完成。

左侧第3次 （右侧、左侧在同一编织行上减针）

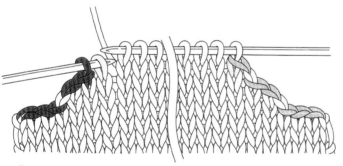 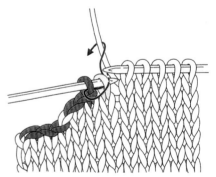

6 编织下针至左棒针上剩余2针处。

7 右棒针如箭头所示，从左向右同时穿入剩下的2针中，一起编织1针下针。

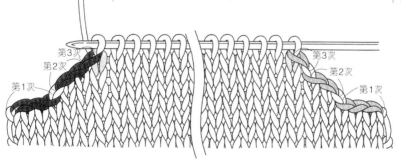

第3次
第2次
第1次

第3次
第2次
第1次

8 图为左、右两侧各3次减针，减针完成的状态。

要点

减针时，注意在实际减针的基础上多留1针。

为避免织物从棒针上脱落，而使用编织线将其固定，同时抽出棒针的这一步骤就叫做编织的收尾。根据编织针法的不同，可以使用棒针、钩针、缝合针来进行收尾。

使用棒针收尾

工具 棒针

特征 为了避免织物针脚的松弛，请根据实际情况决定收尾针脚的松紧。

缩针收尾（上针）

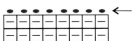

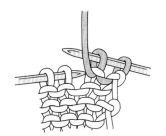

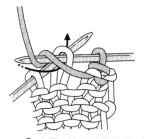

1 在织片右侧边缘处编织2针上针。

2 利用左棒针的针尖挑起右侧的1针，将其覆盖左侧的1针，并将左棒针抽出。

3 缩针1针编织完成。

4 在下1针的针脚处编织1针上针。

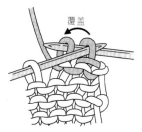

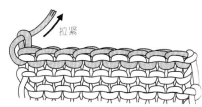

5 同样利用左棒针的针尖挑起右侧的1针，将其覆盖在左侧的1针上。之后重复步骤4~5进行收尾。

6 最后将编织线穿过左端针，并拉紧。

缩针收尾（罗纹针）

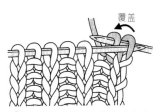

1 在织片右侧边缘处依次编织1针下针与1针上针，利用棒针的针尖挑起右侧的1针，将其覆盖在左侧的1针上，并抽出左棒针。

2 平收针1针编织完成。

3 在第3针处再次编织1针下针，并用右侧的1针将其覆盖。接下来在上针处编织上针，下针处编织下针，每编织完成1针后用右侧的1针覆盖左侧的1针，反复这一步骤将其收尾。

4 最后将编织线穿过左端针，并拉紧。

缩针收尾（扭针）

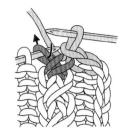

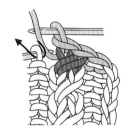

交换针的位置

覆盖

1 收针至交叉针处，如图所示交换两针的位置，左侧针在上，右侧针在下。

2 交换两针位置后，在右侧的针脚处编1针下针，并用右棒针上的1针将其覆盖。

3 同样在下1针处编织1针下针，并用右侧的1针将其覆盖。

4 在下1针的针脚处编织1针上针，同样用右侧的1针将其覆盖。

64

☰ 使用钩针收尾

工具 钩针

特征 即使是初学者，也能轻易快速地学会使用钩针收尾的操。若收尾途中出现错误，也可以轻松地解开线圈重新开始收尾。

引拔针收尾（上针）

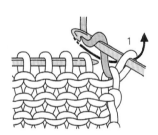

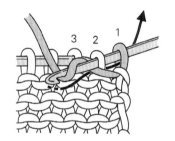

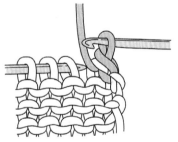

1 将编织线置于里侧，在边端的1针处穿入钩针，并在钩针上由外向里绕线，沿箭头方向进行引拔。

2 再将钩针穿入第2针内，以同样方式绕线，沿箭头方向，将2针一起进行引拔。

3 图为完成1针收针的状态。

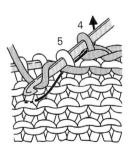

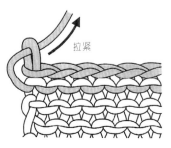

拉紧

4 依照同样的方法，在此编织行逐一进行引拔收尾。

5 最后将编织线穿过左端针内，并拉紧。

引拔针收尾（双罗纹针）

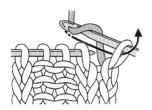

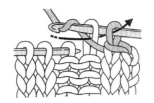

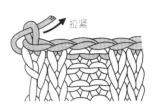

1 在右端针处穿入钩针，按图示绕线，沿箭头方向进行引拔。

2 再将钩针穿入第2针内，绕线，沿箭头方向，2针一起进行引拔。

3 将编织线置于里侧，在下1针上针处绕线，2针一起进行引拔。接下来在上针处编织上针，在下针处编织下针，以同样的方法收尾至边端。

4 最后将编织线穿过左端针内，并拉紧。

☰ 使用缝合针收尾

卷针收尾

工具 缝合针

特征 像用卷针缝合一样将编织线穿入每针内收尾，这种方法收尾织片弹性较好，收尾处的织片也较薄。收尾用线长度是织物宽度的2.5倍。

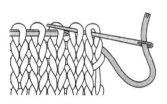

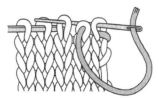

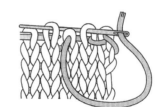

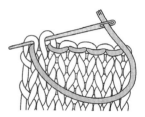

1 如图，将缝合针穿入最边上的2针内。

2 再次从最右侧的1针处入针，跳过中间的针，在第3针处出针。

3 向后退回1针入针，同时跳过中间的针，隔1针出针，如此重复这一步骤用缝合针引线收尾。

4 如图，缝合针要从每针内穿过2次。

收紧收尾
一般用于帽子顶部、手套指尖等圆筒状织物的收尾。

针数较少时：
将编织线穿过所有的针；一次性收紧。

针数较多时：
如图，将编织线每隔1针穿入，如此分2次穿入所有针内，再收紧。

要点
编织线需与针脚方向保持一致。同时要避免针脚发生扭曲。

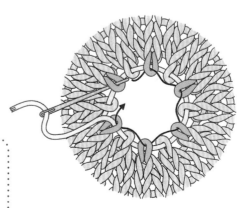

棒针编织的加针

加针，即在原有棒针织片上增加针数。一般在织片的两端或编织过程中进行加针操作。

☰ 扭针加针（下针）

将针脚之间的横渡线加以扭转，并对其进行编织，从而达到加针的目的。多用于由直径较细或者材质较平滑的线编织的织片上。编织扭针加针时，需注意使之保持左右对称。

 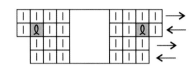

右侧

 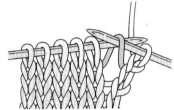 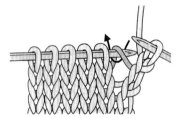

1 最右端编织1针下针，并将右棒针如箭头所示，由外向里挑起第1针与第2针之间的横渡线。

2 用右棒针挑起线圈，将其移至左棒针上。

3 右棒针如箭头所示，穿入刚移至左棒针上的线圈内。

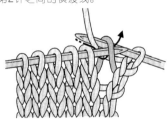 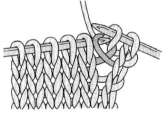 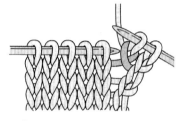

4 绕线，顺着箭头方向用右棒针引出。

5 让线圈从左棒针上滑出。

6 下针右侧的扭针加针编织完成。

左侧

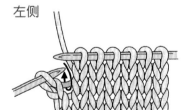 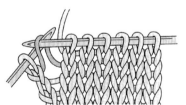 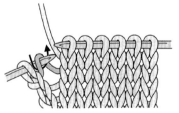

7 编至左端最后1针的位置，将右棒针如箭头所示，由里向外挑起左端第1针与第2针之间的横渡线。

8 右棒针挑起线圈，直接移至左棒针上。

9 右棒针如箭头所示，穿入刚移至左棒针上的线圈内。

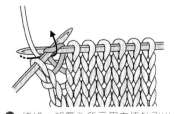 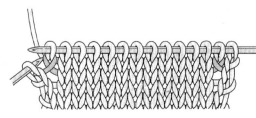

10 绕线，如箭头所示用右棒针引出。

11 如图，下针左右两侧的扭针加针编织完成。最后1针编织下针。

扭针加针（上针）

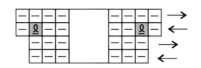

右侧

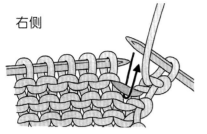

1 右侧第1针编织下针，右棒针如箭头所示，从外向里挑起第1针与第2针之间的横渡线。

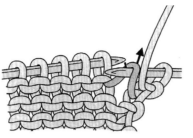

2 用右棒针挑起线圈。

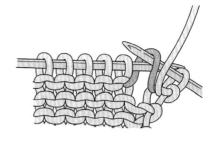

3 将其移至左棒针上。

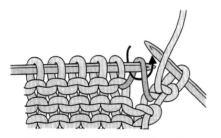

4 右棒针如箭头所示，由外向里穿入刚移过来的线圈内。

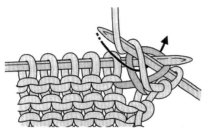

5 绕线引出，编织1针上针。

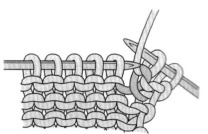

6 上针右侧的扭针加针编织完成。

Part
3

棒针编织的加针

67

左侧

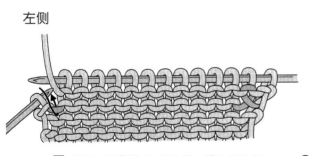

7 编至左端最后1针的位置，将右棒针如箭头所示，由里向外挑起第1针与第2针之间的横渡线。

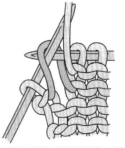

8 用右棒针挑起线圈，将其移至左棒针上。

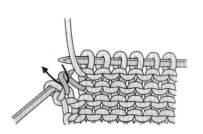

9 右棒针如箭头所示，穿入刚移至右棒针上的线圈内。

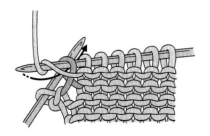

10 绕线，如箭头所示，编织1针上针。

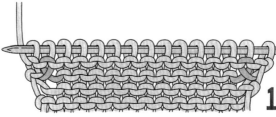

11 最后1针编织上针，如图，上针左右两侧的扭针加针编织完成。

右加针·左加针（下针）

右侧

1 右侧端针织下针，右棒针如箭头所示，从左向右穿入上1行第2针处，挑起线圈。

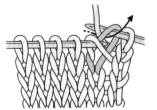

2 将线圈移至左棒针上，右棒针如箭头所示入针，绕线，编织1针下针。

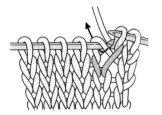

3 右侧第2针即为加针，下1针继续编织下针。

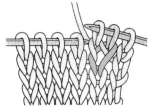

4 下针的右加针编织完成。

Part **3**

棒针编织的加针

左侧

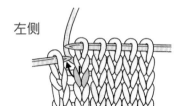

1 编至左侧最后1针处，如箭头所示，用右棒针挑起上2行的线圈。

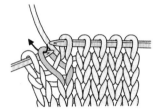

2 将线圈移至左棒针上，右棒针如箭头所示入针，编织1针下针。

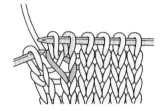

3 最后1针编织下针，下针的左加针编织完成。

右加针·左加针（上针）

右侧

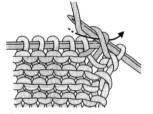

1 右侧端针织上针，右棒针如箭头所示在上1行第2针处挑起线圈。

2 将线圈移至左棒针上，右棒针如箭头所示入针，编织1针上针。

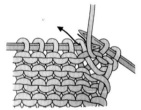

3 继续编织上针，上针的右加针编织完成。

左侧

1 编至左侧端针处，右棒针如箭头所示，穿入上2行左侧第2针，如箭头所示挑起线圈。

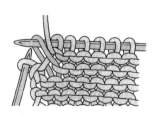

2 将挑起的线圈移至左棒针上。

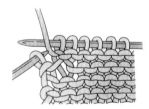

3 右棒针穿入移过来的针圈内，编织1针上针，最后再编织1针上针，上针的左加针完成。

镂空针与扭针的加针（下针）

在进行加针操作的编织行上编织1针镂空针，编织下1行时，将上1行的镂空针加以扭转编织。适用于较粗的编织线。

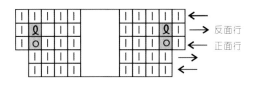

正面编织行 （镂空针）

右侧

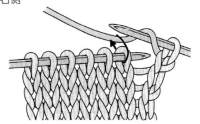

1 最右侧1针织下针，将编织线由里向外地绕在右棒针上，右棒针如箭头所示穿入下1针。

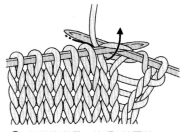

2 如箭头所示，编织1针下针。

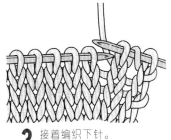

3 接着编织下针。

左侧

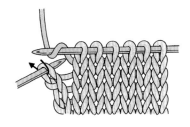

4 编至左侧最后1针处，将编织线由外向里地绕在右棒针上，右棒针如箭头所示穿入最后1针编织下针。

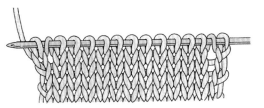

5 左右两侧的镂空针编织完成。

Part **3** 棒针编织的加针

69

反面编织行 （扭针）

右侧

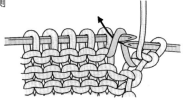

6 翻转织片，右侧第1针织上针，右棒针如箭头所示穿入上一行的镂空针内。

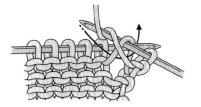

7 右棒针绕线，沿箭头方向引出，编织1针上针。

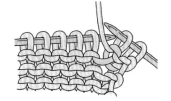

8 下针右侧扭针加针完成。

左侧

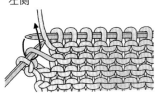

9 编至左侧的镂空针处，沿箭头方向，将右棒针穿入上一行的镂空针内。

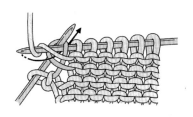

10 右棒针上绕线，沿箭头方向引出，编织1针上针。

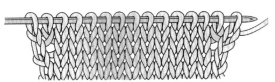

11 最后1针也进行上针编织，左、右两侧的镂空针与扭针的加针完成。

☰ 镂空针与扭针的加针（上针）

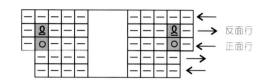

反面行 →
正面行 ←

正面编织行 （镂空针）

右侧

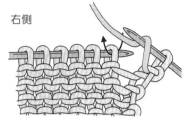

1 最右侧编织1针下针，将编织线由里向外绕在右棒针上（即编织1针镂空针），接着一直编织上针。

左侧

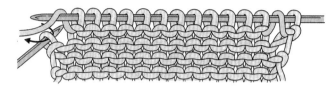

2 编至左侧最后1针处，将编织线由外向里绕在右棒针上，最左侧1针编织上针。

反面编织行 （扭针）

右侧

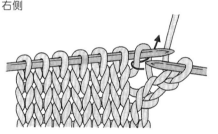

3 最右侧编织1针下针，之后沿箭头方向，将右棒针穿入上一行的镂空针处。

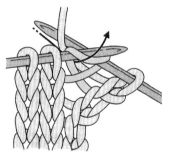

4 右棒针绕线，如箭头所示引出线，编织1针下针。

左侧

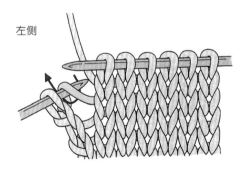

5 继续编织下针，至左侧镂空针处，沿箭头方向，将右棒针穿入上一行的镂空针处。

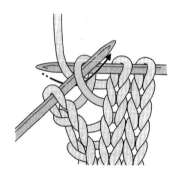

6 右棒针绕线，如箭头所示引出线，编织1针下针，最后1针也编织下针。

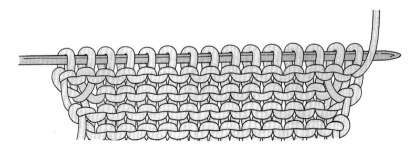

7 图为上针左右两侧镂空针与扭针的加针编织完成。

≡ 卷针加针

　　卷针加针，是指通过在棒针上缠绕编织线，从而在织片两端实现加针的一种加针方法。多用于编织半短袖的袖山或开叉处的加针。加针超过2针时，需在编织结束处进行操作，并且左右两端要错开1行进行加针，仅加1针时，可在同一编织行上操作。

右侧

1 在手指上绕线，如图，将棒针穿入手指绕的线圈中，并松开手指。

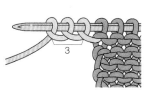

2 重复步骤1进行3针卷针加针。

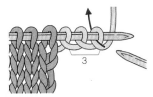

3 编织下1行时，在最右端的1针处，如箭头所示穿入右棒针。

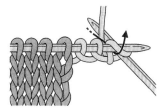

4 右棒针如箭头所示引线编织1针下针，之后继续编织下针至边端。

左侧

1 编织完最后1针后在手指上绕线，如图，将棒针穿入线圈中，并松开手指。

2 重复步骤1进行3针卷针加针。

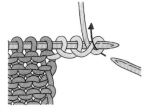

3 编织下1行时，在最右端的1针处，如箭头所示穿入右棒针。

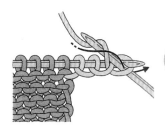

4 右棒针如箭头所示引出线编织1针上针，之后继续编织上针至边端。

≡ 分散加针

加出下针

加出上针

1 编至需要进行加针处。右棒针如箭头所示挑起两针之间的横渡线，并将其移至左棒针上。

2 右棒针如箭头方向穿入，编织1针下针。

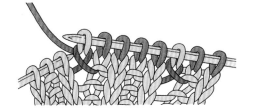

3 再次在规定的间隔处进行加针操作。

引返编织

≡ 加针的引返编织（下针）

常用于边端编织2针以上的加针。与卷加针的方法比较，其边端的处理更完美，适用于下摆线是斜线或弧形的设计。下面按照右侧的编织图进行说明。

下针的情况

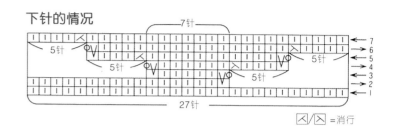

◁ / ▷ =消行

第1行（正面编织的1行）

27 26 25 24 23 22 21 20   8 7 6 5 4 3 2 1

1 从别锁的里山处挑27针。

第2行（右侧：反面编织的1行）

5针　5针　7针　5针　5针

2 翻转织片，编织17针上针。

第3行（正面编织的1行）

织6针下针　滑针　镂空针

3 翻转织片，将编织线由里向外绕在右棒针上，编织1针镂空针，将左棒针上的第1针移到右棒针上(滑针)。

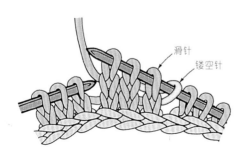

滑针
镂空针

4 图为编织完2针下针时的状态，接下来的4针编织下针。

第4行（左侧：反面编织的1行）

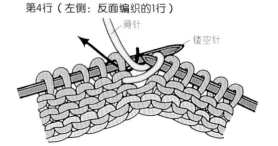

滑针
镂空针

5 翻转织片，编织线由里向外绕在右棒针上，编织1针镂空针，右棒针如箭头方向所示入针，挑起左棒针上的第1针，移到右棒针上（滑针）。

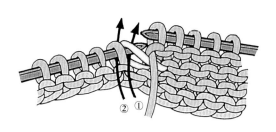

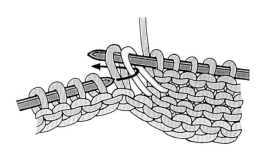

6 编织6针下针，第7针按①、②的顺序分别将2针
移至右棒针。

7 将左棒针按箭头方向插入移至右棒针
上的2针，再次将2针移至左棒针上。

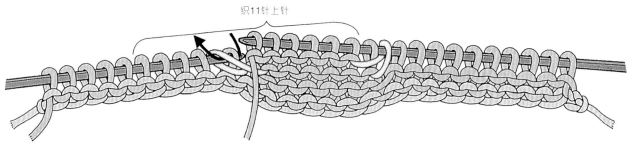

织11针上针

8 将右棒针如箭头所示穿入，将2针一起编织上针，
接下来的4针也编织上针。

第5行（正面编织的1行）

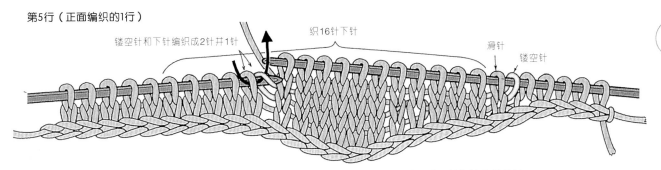

镂空针和下针编织成2针并1针　织16针下针　滑针　镂空针

9 翻转织片，编织镂空针、滑针后，编织11针下针。将左侧箭头所示处的
镂空针和下针编织成下针的左上2针并1针，接下来的4针编织下针。

第6行（与第4行同样的方法进行编织）

第7行（编织完成反面的状态）

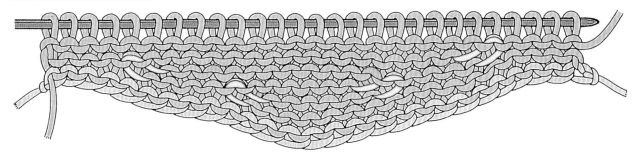

10 在左侧第2次引返编织的镂空针与其左侧的针脚
处编织左上2针并1针，继续编织下针至该行结
束（镂空针在反面的状态）。

≡ 加针的引返编织（上针）

适用于下摆线呈斜线和弧形的设计。与
卷针加针的方法比较其边端的处理更完美。
下面按照右侧的编织图进行说明。

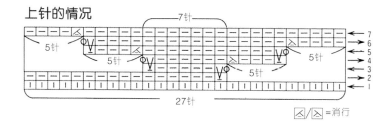

上针的情况

∠/⊠ =消行

第1行（正面编织的1行）

1 在别线编织的锁针里山处挑27针。

第2行（反面编织的1行）

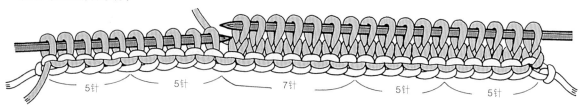

5针　5针　7针　5针　5针

2 翻转织片，编织17针下针，（左棒针上留10针）。

74

第3行（正面编织的1行）

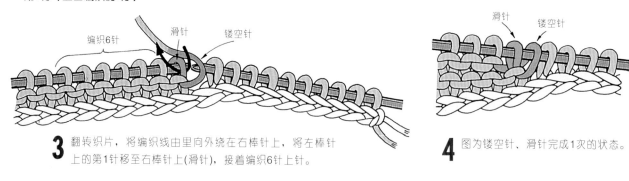

编织6针　　滑针　镂空针

3 翻转织片，将编织线由里向外绕在右棒针上，将左棒针
上的第1针移至右棒针上(滑针)，接着编织6针上针。

滑针　镂空针

4 图为镂空针、滑针完成1次的状态。

第4行（反面编织的1行）

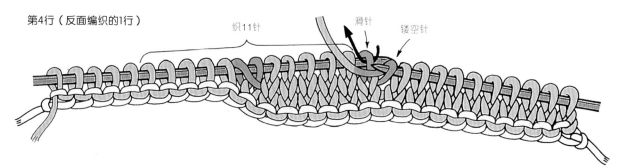

织11针　　滑针　镂空针

5 翻转织片，在右棒针上编织1针镂空针，右棒针如箭头所示入针，将左棒针上的
第1针移至右棒针上(滑针)。

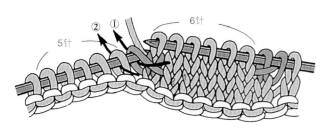

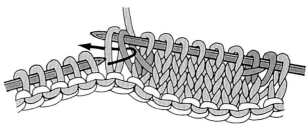

6 在接下来的11针中先织6针下针，再将镂空针和下1针按图示箭头以①、②的顺序分别移到右棒针上。

7 如箭头所示插入左棒针，再将移过来的2针移至左棒针上。

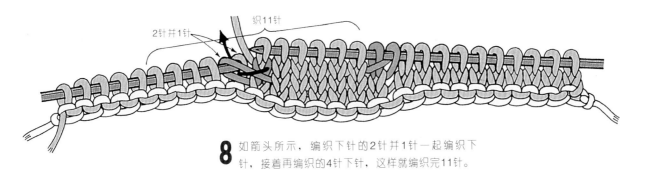

8 如箭头所示，编织下针的2针并1针一起编织下针，接着再编织的4针下针，这样就编织完11针。

第5行（正面编织的1行）

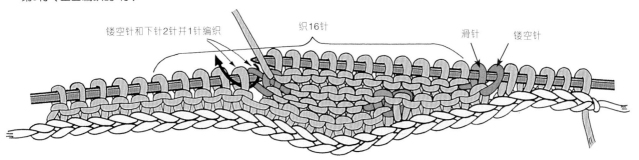

9 翻转织片，按照第3行的方法编织镂空针、滑针，编织11针上针，将镂空针和下1针编织成上针的2针并1针，接下来的4针编织下针。

第6行，与第4行采用同样的方法进行编织

第7行（编织完成正面的状态）

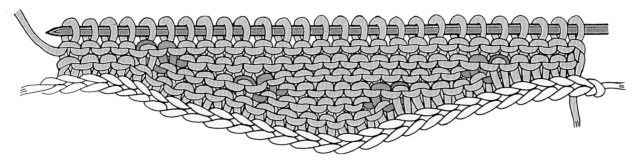

10 镂空针、滑针部分按步骤9的方法进行编织，第7行共编织27针上针。

☰ 减针的引返编织（下针）

左斜

常用于编织斜肩时的斜线或弧线等轮廓。翻转织片，折回时的绕线方法、线圈位置的互换是重点。

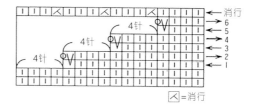

⊠=消行

第1行（正面编织的1行）

预留4针

1 图为第1次的引返针编织，编织正面时，左棒针上预留4针。

第2行（反面编织的1行）

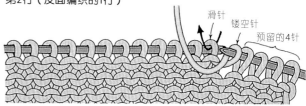

滑针
镂空针
预留的4针

2 翻转织片，在右棒针上编织1针镂空针，下面1针按箭头方向插入右棒针编织滑针，剩余的针编织上针。

第3行（正面编织的1行）

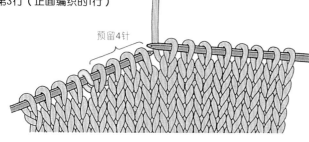

预留4针

3 图为第2次引返针编织，左棒针上再预留出4针。

第4行（反面编织的1行）

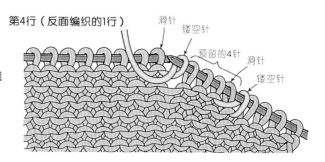

滑针
镂空针
预留的4针
滑针
镂空针

4 翻转织片，按第2行的方法进行编织。

消行（正面编织的1行）
第7行

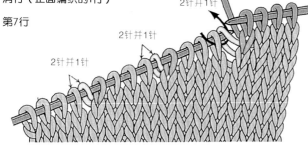

2针并1针
2针并1针
2针并1针

5 图为正面的消行，将右棒针如箭头所示穿入，编织下针的左上2针并1针。

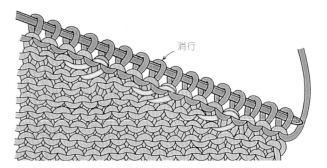

消行

6 图为反面呈现的第7行编织结束的状态。最后编织的行叫"消行"。

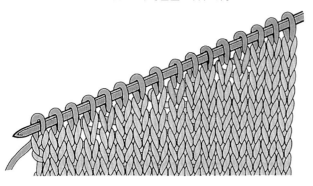

7 图为完成消行后正面的状态。

右斜

由于是在反面进行引返编织，所以最初的引返针是从上一行的反面开始。在此情况下，反面的行为奇数行。下面以右边的编织图进行说明。

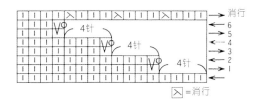

⟍ =消行

第1行

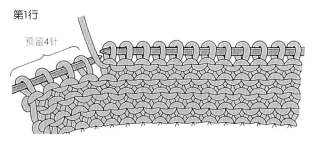

1 图为第1次的引返针编织（右侧比左侧提前1行进行操作），反面的编织行在左棒针上预留4针。

第2行

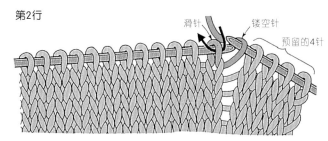

2 翻转织片，在右棒针上编织1针镂空针，下面的1针按箭头方向插入右棒针编织滑针，剩余的针编织下针。

第3行

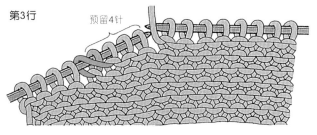

3 翻转织片，编织8针上针，然后在左棒针上再预留4针。

第4行

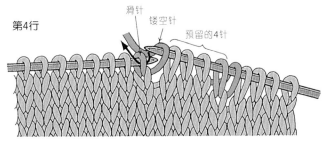

4 翻转织片，按第2行的方法进行编织。

消行
第7行

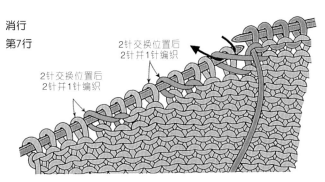

5 如图，交换镂空针与其左侧1针的位置，将右棒针穿入这2针，编织上针的右上2针并1针。

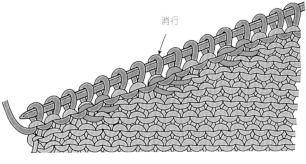

6 图为从反面看到的第7行编织结束时的状态。最后编织的行叫"消行"。

7 图为完成消行后正面所呈现的状态。

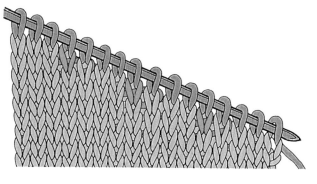

Part
3

引返编织

77

☰ 减针的引返编织（上针）

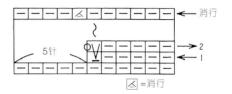

☑ =消行

左斜

编织方法和第76页相同。下面按右侧的编织图进行说明。

Part
3
引返编织

第1行

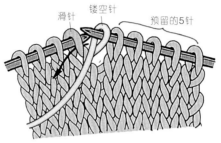

预留5针

1 在左棒针上预留5针。

第2行

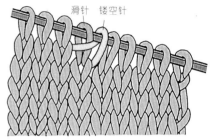

滑针　镂空针　预留的5针

滑针　镂空针

2 翻转织片，在右棒针上绕线编织1针镂空针，接着如箭头方向所示在左棒针上的第1针插入右棒针编织1针滑针。

3 图为镂空针、滑针及接下来的各针编织完成的状态，按照步骤1~2的方法重复指定的次数。

消行

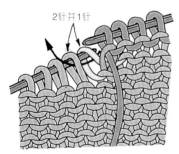

2针并1针

4 在镂空针和下面的各针内按箭头方向插入右棒针。

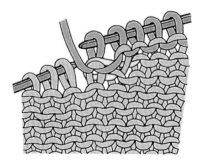

5 编织上针的左上2针并1针，左棒针上其他针也编织上针。

78

平均计算的方法

　　斜线或加减针的计算，除不尽时将余数做1针1行的分配，而不将加减针集中进行，称之为平均计算。计算时需要先将行数除以2，最后再将所求的数字乘以2，因为棒针编织基本上都是在正面行进行加减针，而不是反面。另外，最初或最后不进行加减针时，需要对加减针数多加1次的间隔数，依据实际情况也可不加。

①平均计算

4针 ⟌ 11行

2+1=3行

-3　-8

1次　3次

②推算出来的数字

→

3-1-3
2-1-1
行针次

③行数×2倍

→

6-1-3
4-1-1
行针次

④最终的数字

→

平6行
6-1-2
4-1-1
行针次

例：22行加3针

22行÷2=11行　3针+1=4针

①做推算，若每2行加1针，则4次需要8行，余3行，3行做1次1针的分配，所以3行需要3次。

②推算出来的数字用容易理解的方式表达。

③行数部分加倍。

④不加减针的行部分，用平表示。斜肩或同行进行加减针也同样操作，用大数字除小数字，小数字加1。

右斜

编织方法和第77页相同。下面按右侧的编织图进行说明。

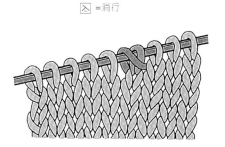

☒ =消行

第1行

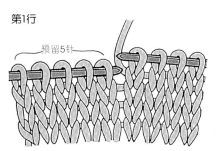

1 在左棒针上预留5针。

第2行

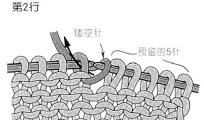

2 翻转织片，在右棒针上绕线编织1针镂空针，接着按箭头方向在左棒针的第1针中插入右棒针编织1针滑针，剩余的针编织上针。

3 图为从里侧看到的镂空针和滑针的部分。

Part **3**
引返编织

79

消行

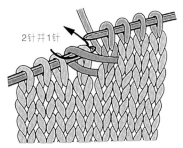

4 参照右图交换针脚位置的方法，替换镂空针和下1针，按箭头方向插入右棒针。

交换针脚位置的方法（在反面进行）

1 编织线置于身前侧，将①、②分别按顺序移至右棒针。

2 如箭头方向所示，将移至右棒针的①、②，再次移回左棒针上。

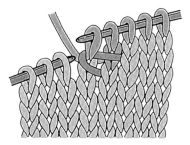

5 从2针中一起编织下针，剩下的针编织下针。

交换针脚位置后正面的情况

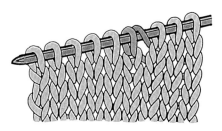

如图所示交换镂空针和滑针的位置。消行的时候注意返回到正确的位置。首先编织1针下针，接着交换镂空针和下1针的针脚位置。

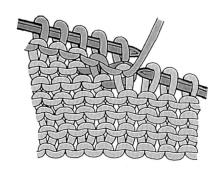

6 图为完成消行后正面的状态。

☰ V领的编织方法

V领的挑针方法   尽管同样是V领，也分为中心无针、中心1针、中心2针等多种不同的类型。

挑针的位置

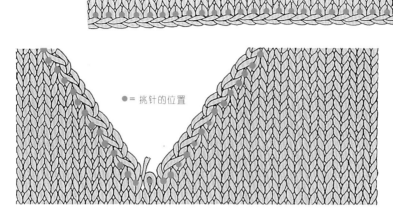
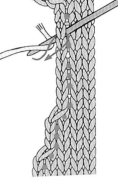

●= 挑针的位置

确定领子挑针数的方法

罗纹编织的种类	左右领口的挑针数	后领口的挑针数	全部针数
中心1针的单罗纹编织	偶数	偶数	偶数
	奇数	奇数	偶数
中心2针的双罗纹编织	4的倍数+2	4的倍数+2	4的倍数
	4的倍数	4的倍数	4的倍数

中心无针V领的编织方法（单罗纹）   身片的针数为偶数，编织单罗纹领口时，挑起中心针的渡线作为领子中心的针。

编织领口两侧

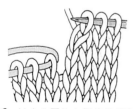

1 从中心开始左侧的针留在别线上，先编织右侧的身片。

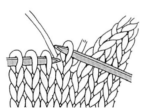

2 右侧身片编织完成后，将左侧的1针移到棒针上，换新线编织。

覆盖

3 在与右侧相同的行进行减针。

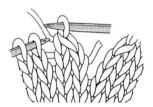

4 继续编织下针，完成左侧身片。

领中央的挑针

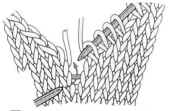

5 将左、右领口之间的渡线如箭头所示用右棒针挑绕。

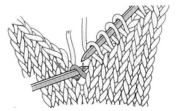

6 右棒针如箭头所示穿入刚挑绕的线圈内，编织下针。

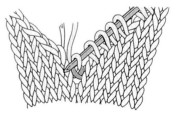

7 将领中心挑绕的1针织成扭针。

中心1针V领的编织方法（单罗纹）

身片的针数为奇数，中心1针为领子中心的针。

编织领口两侧

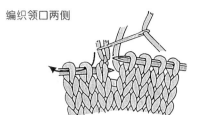

1 领口的第1行编织到中心时，中心的1针和左侧的针分别进行留针。

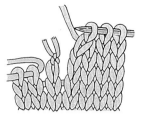

2 先编织右侧的身片。

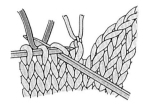

3 右侧身片编织完成后，将左侧的针返回到棒针上，编织左侧的身片。

中心2针V领的编织方法（双罗纹）

身片的针数为偶数，中心2针为领子中心的针。

1 V领中心处右边2针进行左上2针并1针的减针，左边2针进行右上2针并1针的减针。

2 中心2针编织完成。

编织领口的方法（单罗纹）

由前身片的左肩开始挑针。挑针方法分为从斜线开始挑针和从针脚开始挑针。

第1行

1 在第1针内侧入针，引出准备好的新线。

2 如箭头所示进行挑针。

3 平收针部分按箭头方向入针并挑针。

4 挑针到后身片的左肩为止。

第2行

5 接着第1针开始编织，第1针要编织下针。

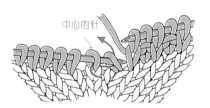

6 编织至领口中心处，将中心和右边的针如箭头所示穿入，并移至右棒针上。

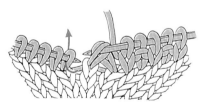

7 如箭头所示，在左棒针上编织下针。

8 如箭头所示，将移至右棒针上的2针覆盖在刚编织完成的1针上。

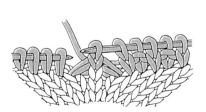

9 中上3针并1针完成。左侧和右侧对称编织。

10 V领中心1针依指定的次数做减针（中上3针并1针）。

≡ 翻领的编织方法

男士服装与女士服装的前衣襟左右相反。衣片中央的留针以别线穿好，下图说明中省略了别线，但在实际操作过程中，直至完成衣襟的缝合后才能拆除别线，编织过程中要注意针和行的接合。

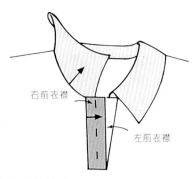

右前衣襟 →
← 左前衣襟

编织前衣襟

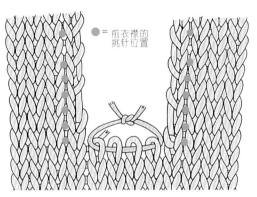

● = 前衣襟的挑针位置

1 将前身片中央的针用别线穿好留针，分别从左、右前身片上挑针编织前衣襟，最后用单罗纹针的收针法收针。

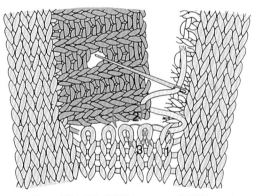

3 分别按箭头所示以1、2、3的顺序挑绕右前衣襟的罗纹针边针的线圈，接着交叉挑绕身片和前衣襟。

左前衣襟的下方进行锁缝

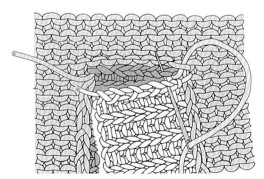

5 利用反面所剩下的线端，将左前衣襟锁缝在右前衣襟下方接合的缝边上。

右前衣襟的下方进行接合

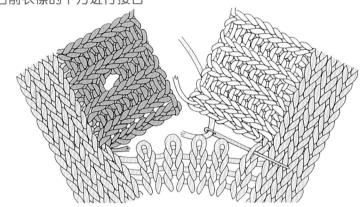

2 线端约留15cm，在留针最右侧的线圈处由里向外穿入缝针。

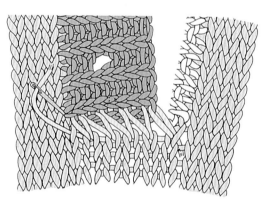

4 接合针与行，引线，将线端从反面抽出。

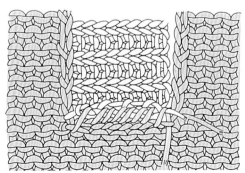

6 图为左、右衣襟下方接合完成后，反面呈现的状态。

开始编织衣领

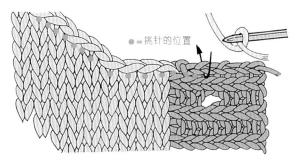
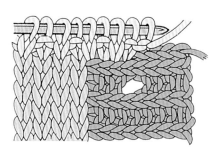

●=挑针的位置

7 用卷针加针起1针,再如箭头所示,由右前衣襟开始挑针,接着继续挑右前身片、后身片、左前身片、左前衣襟,最后也要编织1针卷针加针。

8 第2行从反面编织单罗纹针,其中最开始和最后的2针编织下针。图为完成第2行后正面的状态。

≡ **插肩线的缝合方法**

边端立1针减针的情况

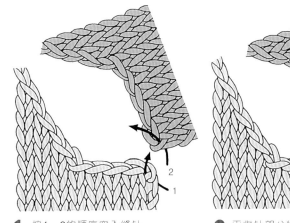
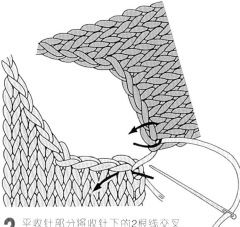
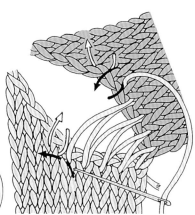

1 按1、2的顺序穿入缝针。

2 平收针部分将收针下的2根线交叉挑绕缝合(参照下针接合)。

3 缝到行时,将第1行半针的缝合位置错开,接着进行挑绕缝合。

边端立2针减针的情况

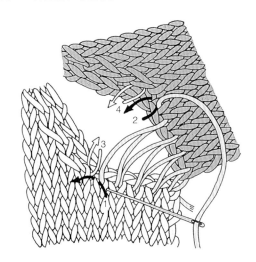
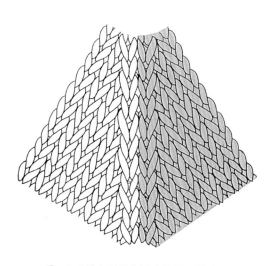

1 平收针的部分与上面的步骤相同。移至对行挑绕缝合时,如箭头所示做交互的挑绕缝合。

2 完成后在斜线的缝合位置呈现并列的2针。

结构图

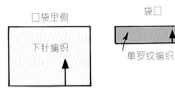

□袋里侧　　　袋口

下针编织　　　单罗纹编织

缝接口袋里侧

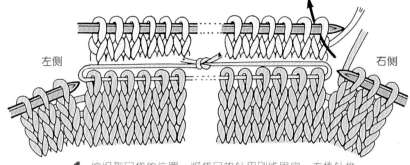

左侧　　　　　　　　　　　　　　　　右侧

1 编织到□袋的位置，将袋口的针用别线固定，右棒针挑□袋里侧的针进行下针编织，接着编织左侧。

编织袋口

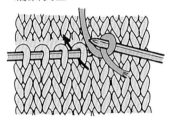

2 将别线上的线圈移至棒针上，用卷针加针做出缝合的部分，接下来进行下针编织。

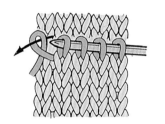

3 在编织结束时也进行卷针加针。

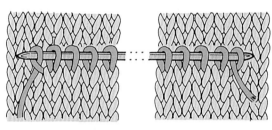

4 图为第1行织好的状态。

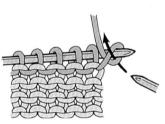

5 翻转织片，将边端的针如箭头所示织上针，下1针起重复编织上针、下针。

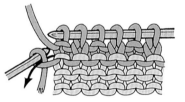

6 左端也编织2针上针，编织指定的行数，最后以单罗纹针收针法进行收针。

缝接袋口的左右

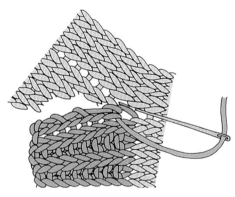

7 右侧将袋口的线端穿入缝针，挑绕身片上与袋口第1行同行的横线。

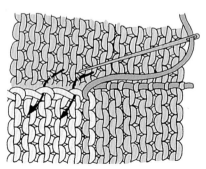

8 挑绕□袋第1行的横线。

9 将身片侧一行行交叉挑绕，袋口每2行或1行交叉挑绕缝合。

处理袋口的里侧

10 将□袋里侧的边端与身片锁缝，左侧也用相同方法缝合。

☰ 双层编织

双层接合的情况

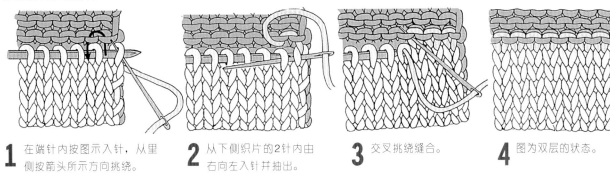

1 在端针内按图示入针,从里侧按箭头所示方向挑绕。

2 从下侧织片的2针内由右向左入针并抽出。

3 交叉挑绕缝合。

4 图为双层的状态。

双层编织领子的情况

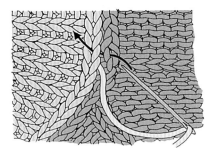
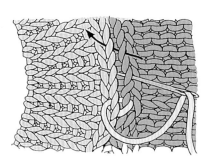
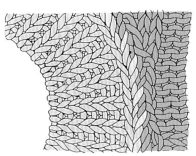

1 利用收针的线端将领片与身片处的领口线都进行半针的挑绕。

2 将身片处的领口线上也挑1针进行挑绕引线。

3 边缝合边注意保持衣领的平整。

双层缩针收针并锁边的情况

将缩针收针的半针和里面的线一针针绕缝,挑里面的线。

纵向翻折绕缝的情况

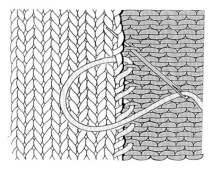

绕缝边端半针与里面的线做斜针缝合,挑里面的线时要轻轻地挑,以不影响织片正面为原则。

双层留针并锁边的情况

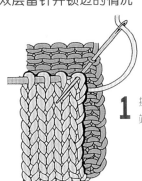

1 挑少许织片里侧的线圈,端针处如图穿入缝针。

2 按同样的方法重复操作,进行双重挑绕缝合。

Part

3

特殊部位的编织及连接方法

85

织片的接合

所谓接合，是指织片的针与针、针与行之间的连接。

≡ 针与针的接合

下针接合（两织片都留针时）

正面

反面

1 将织片正面朝上摆放，在手边的针脚处穿入缝合针，并从对面的针脚反面入针。

2 缝合针穿入手边第1针与第2针的针脚处，接下来沿箭头所指，将缝合针穿入对面第1针与第2针的针脚内。

3 在针脚处穿入缝合针（每一针内穿2次），接下来沿箭头所指，穿入手边第2针与第3针的针脚内。

4 如图穿入缝合针，接下来从对面第2针与第3针的针脚处入针，重复步骤2~4进行接合。

5 最后从手边最后1针的针脚处出针，并穿入对面最后1针针脚内，如图，织片左右两端分别错开半针。

6 如图将编织线穿针引线，穿过边缘针脚的编织线内平缝固定。

下针接合（其中一片织片已收尾时）

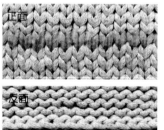

正面

反面

1 从反面将缝合线穿入手边留针织片的第1针针脚处，再穿过已收尾织片的第1针针脚，如图，将缝合针穿入手边织片的两针针脚内，沿箭头所指，从另一侧织片的2针针脚处入针并引出。

2 缝合针穿过呈倒八字的两针针脚。

3 在留针织片针脚的正面入针，同时从正面引出，在收尾织片针脚处，穿过呈倒八字的两针针脚。重复以上步骤进行接合。

4 最后沿箭头所指在手边织片的针脚处入针，并从对面织片针脚处入针引出，完成接合。

下针接合（两织片都已收尾时）

正面

反面

1 从对面织片处引线穿入手边织片的针脚处，再次引线从对面织片的针脚处入针。然后如箭头所示穿入手边织片的2个针脚。

2 如图，将缝合针穿过手边织片的针脚，同时沿箭头方向，穿入对面织片的针脚内。

3 穿过手边织片呈八字的两针针脚内，然后穿过对面织片呈倒八字的两针针脚内，重复以上步骤进行接合。

上针接合（两织片都已收尾时）

正面

反面

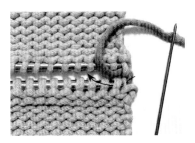

1 从手边织片的针脚处穿入缝合针，引线至对面织片的针脚处再次入针。同时沿箭头所指，穿入手边织片的针脚内。

2 从反面入针穿入对面织片的2针内，同时从反面出针。重复步骤1~2进行接合。

3 穿入最后1针的针脚处，穿2次。如图所示，织片左右两端分别错开半针。

上针接合（其中一片织片已收尾时）

正面

反面

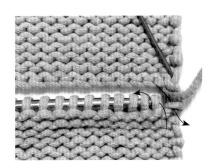

1 依次从手边留针织片的针脚处和对面已收尾织片的针脚处入针。沿箭头所指，穿入手边织片的2针针脚内。

2 从反面穿入针脚内，并引出编织线，依次穿入对面织片的针脚与手边织片的针脚内。接下来沿箭头所指，重复运针进行接合。

上下针接合（一边是下针，一边是上针时）

正面

反面

1 从反面穿入手边织片的针脚内，引线从正面穿入对面织片的针脚内。接下来同样从正面手边织片的针脚处入针，再从正面出针。

2 从反面穿入对面织片的针脚内，从反面出针。

3 如图，引线从正面穿入手边织片的针脚内，从正面出针。

4 按步骤1与步骤2的箭头方向，重复入针，最后从反面穿入对面织片的最后1针针脚内，完成接合。

下针接合（两织片针数不一致时）

正面

反面

88

1 在多针脚的情况下，重合多余的2针，并从重合后的针脚内入针。

2 从重合后的针脚处入针，并从其左侧的针脚处出针（每1针针脚内穿2次）。

3 如箭头所示，将缝合针穿入对面织片的2针针脚内（同样每1针针脚内穿2次）。

下针与罗纹针的接合

正面

反面

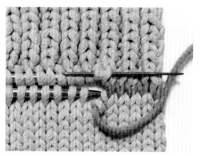

下针与上针的接合

正面

反面

罗纹针接合

将以罗纹针编织的两块织片进行拼接，可以做到无痕拼接的程度，从而保持编织物整体的平整与美观，此外拼接完成后才将别线的锁针解开，因此，拼接时要将缝线适当地拉紧实一些。

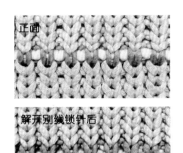

正面

解开别线锁针后

1 从反面穿入手边织片的针脚内，引线穿过对面织片的针脚，再次将编织线引回手边织片，穿入针脚内，然后沿箭头所示运针。

2 穿入对面织片的下针针脚内，从反面穿入手边织片的下针与上针针脚内，并从反面引线出针。

3 穿过对面织片的上针针脚内。

4 从反面穿入手边织片的上针与下针针脚内，并从正面引线出针。重复步骤2~4进行拼接。

5 如图，将缝合针穿入端针针脚内，拼接完成后，解开锁针别线。

卷针接合

　卷针接合有两种情况：半针（单线）的卷针和整针（双线）的卷针，无论哪一种情况，操作过程都很简单。

半针（单线）的情况

正面

反面

1 将带有线端的织片置于对面，并保持2片织片均呈正面朝上的状态。缝合针穿入锁针的半针针脚内，沿箭头所指运针引线。

2 从织片锁针外侧的针脚内穿出缝合针，从对面织片的外侧针脚处入针出针，引线至手边织片处，并在手边织片处运针。重复此步骤进行拼接。

3 在最后1针处，同样将编织线从对面移至手边，在手边织片的针脚处入针后结束拼接。

引拔针接合　　　多用于肩部的接合，是一种针脚之间的接合，操作起来并不复杂。

要点
引拔针的针脚要与织片针脚保持一致哦！

（针数一致时）

正面

反面

1 将两织片正面朝里重合，用左手持织片，钩针同时穿入手边织片的上针与对面织片的下针处，并从对面织片的下针处出针。

2 在钩针上绕线，从2针中一起编织1针引拔针。

3 1针引拔针编织完毕。

4 编织下1针时，同样将钩针穿入手边织片的上针与对面织片的下针处，直接使其移至钩针上，钩针绕线，一起编织1针引拔针。

90

引拔针接合（针数不一致时）

正面

反面

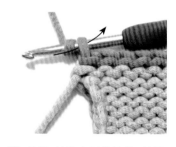

5 最后1针处也同样编织1针引拔针。

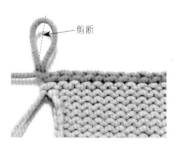
剪断

6 抽出引拔针的线圈，并从中剪断。

1 将钩针如箭头所示穿入，绕线，一起编织1针引拔针。

2 接着，将钩针再如箭头所示穿入，绕线，一起编织1针引拔针。

3 将钩针再次如箭头所示穿入，一起编织1针引拔针，重复这一步骤进行接合。

覆盖接合（钩针·棒针）

多用于肩部的接合，弹性较好。

（使用钩针进行接合时）

正面

反面

1 将钩针同时穿入手边织片的上针与对面织片的下针的针脚内，并从对面织片的下针处出针。

2 在钩针上绕线，从2针中一起编1针引拔针。

3 重复步骤1~2进行接合。

4 最后将编织线穿入仅剩的针脚内，引拔后断线。

覆盖接合（使用棒针进行接合时）

1 将2织片正面朝里重合。

2 使用另一根棒针（非带帽棒针）将对面织片的针脚从手边织片的针脚处引出。

3 将对面织片的针脚用棒针引出后仅在棒针上留下这一针。重复同样的操作将2根棒针上的针合并至1根棒针上。

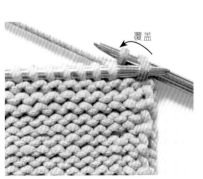

4 利用织片边缘处留下的编织线，从最边上的2针针脚处分别编1针下针。

5 用左棒针的针尖挑起右侧的针脚，并将其覆盖在左侧针脚的上方。

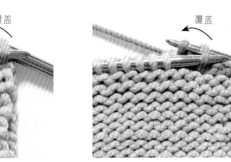

6 接下来编1针下针，并用其右侧的针脚将其覆盖，重复此步骤进行拼接，直至收完所有的针圈。

　一边是针脚，一边是编织行，将两者进行拼接，可用于缝合袖子、衣领等，用途较广。

下针编织（未收尾的针与行）

正面
反面

1 缝合针穿过对面织片的1行，从手边织片的2针针脚内入针（同样每1针针脚内穿2次）。

2 有时为了调整针与行的数量，需要一次穿过2行（仅适用于行数多于针数时）。

3 一边调整针脚与行的数量，一边交叉着在针脚与行之间缝合。收紧缝线，使之隐藏在针脚内。

下针编织（已收尾的针与行）

正面
反面

1 将缝合针沿箭头所指穿过对面织片的起针处，并从手边织片的针脚处入针。同时穿过对面织片端针与第2针之间的横渡线，如此重复交错地穿入针与行，进行拼接。

2 有时为了调整针与行的数量，需要1次穿过2行（仅适用于行数多于针数时）。

3 一边调整针脚与行的数量，一边交叉着在针脚与行之间缝合。收紧缝线，使之隐藏在针脚内。

上针编织（未收尾的针与行）

正面

反面

1 针脚处的运针方法与上针编织的拼接相同，从反面入针，再从反面出针。

2 缝合针穿过第一针里侧横渡线，同时从反面穿入针脚，并从反面出针。有时为了调整针与行的数量，需要1次穿过2行（仅适用于行数多于针数时）。

3 交叉着在针脚与行之间缝合，进行拼接。

织片的钉缝

所谓钉缝，是指行与行之间的连接，一般从正面进行钉缝，多用于侧边以及袖下等处。

☰ 下针织片的钉缝

平织部分

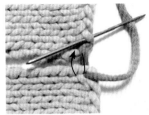

1 将缝合针分别穿过2片织片的起针针脚处。

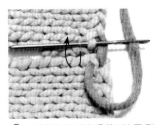

2 交错着穿过边缘第1针里侧的横渡线，穿针引线。

3 缝合针反复交叉地穿过横渡线，收紧编织线，使之隐藏在针脚内。

加针时

1 从加针（扭针）针脚的交叉下方穿入缝合针。

2 引线至对面织片的加针（扭针）处，同样从针脚的交叉下方穿入缝合针。

3 再一次引线穿过加针（扭针）的交叉处，同时穿过下1针的横渡线。（用同样的方法处理对面织片的加针处）。

减针时

1 缝合针穿入边缘第1针的横渡线与减针的针脚内，用同样的方法处理对面织片的减针处。

2 如图，再一次从减针处入针，并同时穿过下一行第1针里侧的横渡线与减针的针脚处，用同样的方法处理对面织片的减针处。

半针内侧的钉缝（平织部分）

钉缝处的织片较薄，能编织出边缘整齐、做工精美的编织物。

1 将缝合针分别穿过2片织片的起针针脚处。

2 分别从2片织片边缘半针内侧的横渡线处穿入缝合针。

3 拉紧编织线，使之隐藏在针脚内。

☰ 上下针织片的钉缝

平织部分隔1行的钉缝

正面

1 从手边织片的起针处穿入缝合针。

2 引线至对面织片，穿过对面织片的起针处。

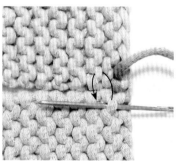

3 如图，穿过手边织片第1针里侧的针脚处，接着引线至对面织片，穿过对面半针里侧的针脚。

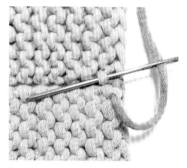

4 交错着穿过1针里侧朝下的针脚（即下线圈）与半针里侧朝上的针脚（即上线圈）。

5 重复在针脚处穿针引线，进行织片的钉缝。

94

平织部分每1行的钉缝

正面

1 从手边织片的起针处穿入缝合针。

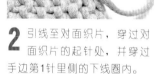

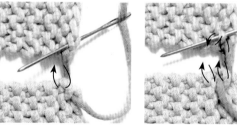

2 引线至对面织片，穿过对面织片的起针处，并穿过手边第1针里侧的下线圈内。

3 分别在每一行的下针与上针处，从第1针内侧的下线圈内穿入缝合针，从而进行钉缝。

加针时

正面

从加针（扭针）针脚的交叉下方穿入缝合针，如图，再一次引线穿过下一行加针（扭针）的交叉处，同时穿过下1针的下线圈。重复以上步骤进行钉缝。

减针时

同时穿过减针的针脚与下线圈，反复引线，进行钉缝。

☰ 单罗纹针织片的钉缝

从起针处开始钉缝

正面

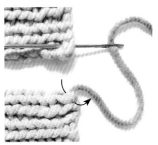

1 如图，将缝合针穿入对面织片与手边织片起针处的第1针里侧的横渡线内。

2 接下来交错着穿入对面织片与手边织片的每一行的横渡线处。

3 重复在下线圈处穿针引线，从而进行钉缝。

从收尾处开始钉缝

正面

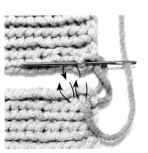

1 如图，首先从对面织片与手边织片的罗纹针收尾处穿入缝合针。

2 如此交错着穿入两侧织片的第1针里侧的横渡线内。

3 重复在横渡线处穿针引线，从而进行钉缝。

Part
3
织
片
的
钉
缝

95

织片的编织方向不一致时的钉缝

交接处针脚无增减的情况下

正面

交叉穿过每1行第1针里侧的横渡线，穿过交接处的针脚时，要将手边织片一侧的针脚向外错开半针，另一侧织片的则向内错开半针，并穿过下1行第1针里侧的横渡线。

交接处罗纹针编织少1针的情况下

正面

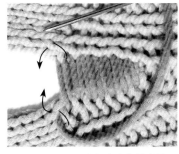

交叉地穿过每1行第1针里侧的横渡线，穿过交接处的针脚时，要向外错开半针，并穿过下1行第1针里侧的横渡线。

半针内侧的钉缝

正面

1 将缝合针分别穿过2片织片的起针针脚处。

2 分别从半针内侧的线圈与第1针外侧的半针处穿入缝合针。

3 抽紧缝合线，使之隐藏在针脚内。

☰ 双罗纹织片的钉缝

从起针处开始钉缝

1 如图，将缝合针穿入对面织片与手边织片起针处第1针里侧的下线圈内。

2 接下来交错着穿入对面织片与手边织片每1行第1针中的横渡线处。

3 重复在横渡线处穿针引线，从而进行钉缝。

从收尾处开始钉缝

1 穿过罗纹针收尾的针脚处，并从对面织片与手边织片的收尾处第1针里侧的下线圈处穿入缝合针。

2 如此交错着穿入两侧织片的第1针中的横渡线内。

3 重复在横渡线处穿针引线，从而进行钉缝。

织片的编织方向不一致时的钉缝

交接处针脚无增减的情况下

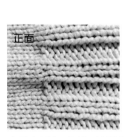

交叉穿过每1行第1针里侧的下线圈，穿过交接处的针脚时，要将手边织片一侧的针脚向外错开半针，另一侧织片的则向内错开半针，并穿过下1行第1针里侧的下线圈。

交接处罗纹针编织少1针的情况下

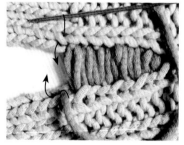

交叉地穿过每1行第1针里侧的横渡线，穿过交接处的针脚时，要向外错开半针，并穿过下1行第1针里侧的横渡线。

☰ 引拔针的钉缝

钉缝编织行

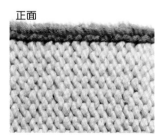

将织片正面朝里重合，使用钩针一边进行引拔一边钉缝。

钉缝曲线

将织片正面朝里重合（隔一定距离用珠针固定），使用钩针一边进行引拔一边钉缝。

上针编织的钉缝

平织部分

正面

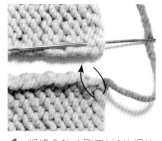

1 将缝合针分别穿过2片织片的起针针脚处。

2 交错着穿过边缘第1针里侧的下线圈，穿针引线。

3 在下线圈处反复穿针引线，进行钉缝。

加针时

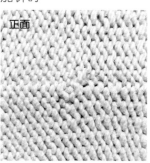

正面

1 交错地穿入第1针里侧的下线圈内，操作至加针针脚处。

2 从对面织片加针处（扭针）的交叉下方入针，（用同样的方法处理对面织片的加针处）。

3 再一次引线穿过对面织片的加针（扭针）交叉处，同时穿过下1针的下线圈。（用同样的方法处理对面织片的加针处）。

Part 3 织片的钉缝

97

减针时

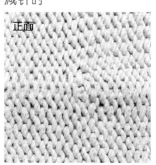

正面

1 交错地穿入第1针里侧的下线圈内，操作至减针针脚处。

2 缝合针同时穿入边缘第1针里侧的下线圈与减针的针脚内。

3 如图，再一次从减针处入针，并同时穿过下1行第1针里侧的下线圈与减针的针脚处。

回针缝钉缝

钉缝编织行

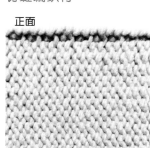

正面

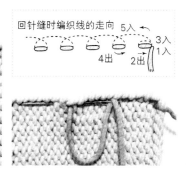

回针缝时编织线的走向

5入
3入
4出 2出 1入

将织片正面朝里重合，保持缝合针垂直于织片针脚运针，进行钉缝。

钉缝曲线

将织片正面朝里重合（隔一定距离用珠针固定），保持缝合针垂直于织片针脚运针，进行钉缝。

棒针编织的挑针

别锁针起针上的挑针

从锁针编织结束处的挑针

右侧

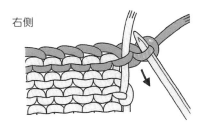

1 从织片反面的锁针里山处穿入棒针，并用棒针挑起线头。

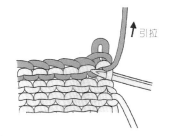

引拉

2 将棒针穿入最边上的针脚内，慢慢解开锁针。

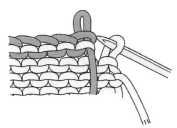

3 解开第1针锁针。

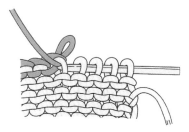

4 一边将锁针针脚逐一解开，一边用棒针挑起释放的针脚。

左侧

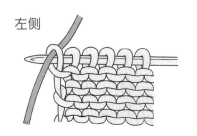

5 保持最后1针针脚扭转，用棒针挑起，并抽出锁针编织线。

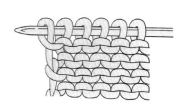

6 图为从锁针编织结束处的挑针完成的状态。

Part **3** 棒针编织的挑针

98

从锁针编织开始处的挑针

右侧

1 从织片正面的锁针处，穿入棒针，并用棒针挑起线头。

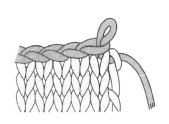

2 解开锁针的线头。

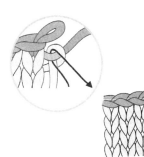

3 将棒针穿入最右侧的针脚内，同时再次挑起锁针的线头。

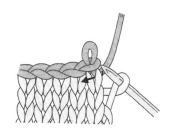

4 一边解开锁针针脚的同时，一边用棒针挑起释放的针脚。

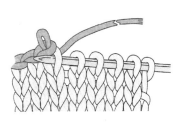

5 重复步骤4进行挑针。

左侧

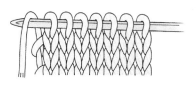

6 挑至最后1针时，将左侧的线头由外向里绕在棒针上（挑针完成）。

线端在左侧，从右侧换新线的编织方法

编织第1行，其针数与起针针数相同

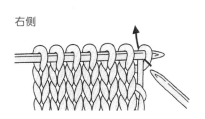

右侧

1 换左手持织片，将棒针穿入最右侧的第1针针脚内。

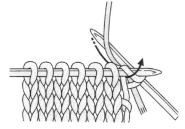

2 在右棒上绕上新的编织线，编织1针下针。

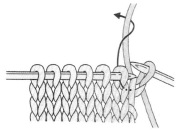

3 1针下针编织完成。在下1针针脚处，同样也穿入棒针编织1针下针。

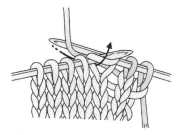

4 接下来同样的方法，连续编织下针即可。

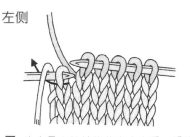

左侧

5 改变最左端针脚的方向之后，将编织线由外向里绕在左棒针上，作为1针，并与最后1针一起编织1针下针。

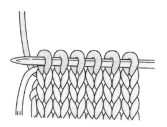

6 图为第1行编织完成的状态。

99

在第1行最右侧处减1针

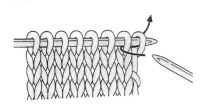

右侧

1 沿箭头方向，将右棒针穿入最右侧的两针针脚处。

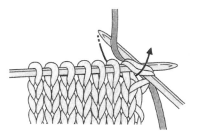

2 右棒针绕上新的编织线，从2针中一起编织1针下针。

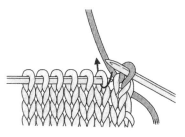

3 1针下针编织完成。右棒针再次如箭头所示穿入编织1针下针。

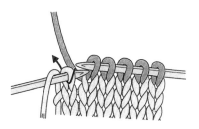

左侧

4 将编织线由外向里绕在左棒针上，并沿箭头方向，将左棒针上的最后1针针脚直接移移至右棒针上。

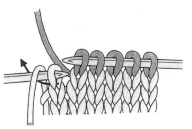

5 改变针脚的方向后，再次将针脚移回左棒针上，并如箭头所示，穿入右棒针。

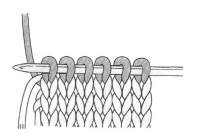

6 将最后1针连同线头一起编织1针下针，第1行编织完成。

编织行上的挑针

上针编织

在编织行最边缘的针脚与其里侧的针脚交接处穿入棒针，绕线引出(有时则需要跳过编织行挑针)。

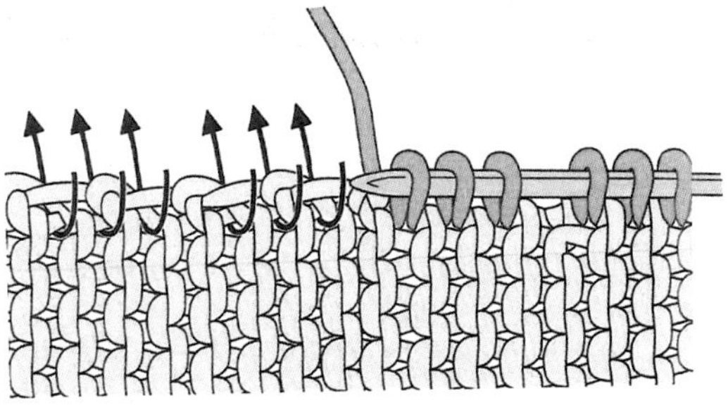

下针编织

在编织行最边缘的针脚处与其里侧的针脚交接处穿入棒针，绕线引出(有时则需要跳过编织行挑针)。

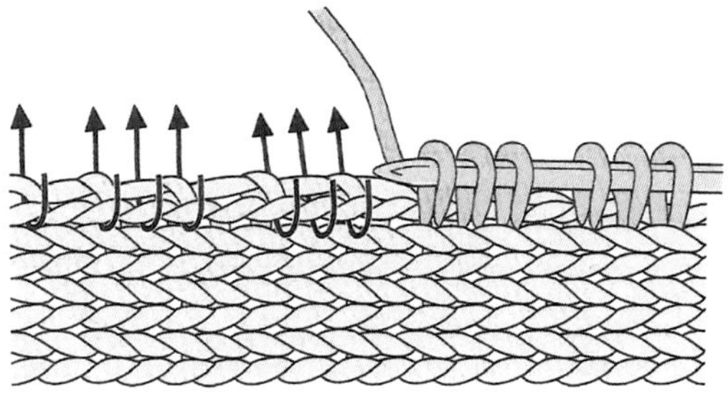

收针处的挑针

下针编织

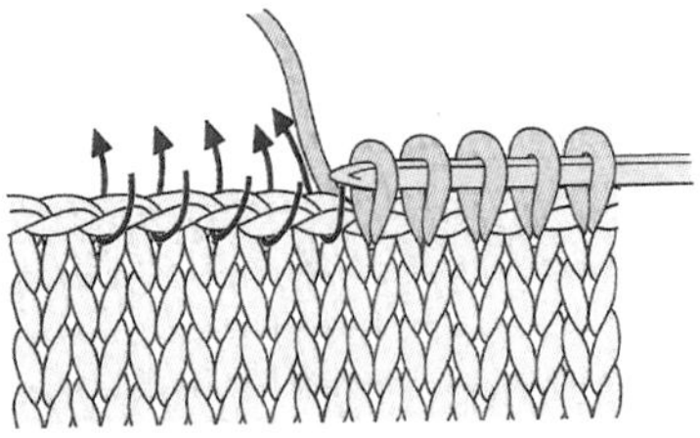

如箭头所示，从每1针针脚处挑出1针下针。

上针编织

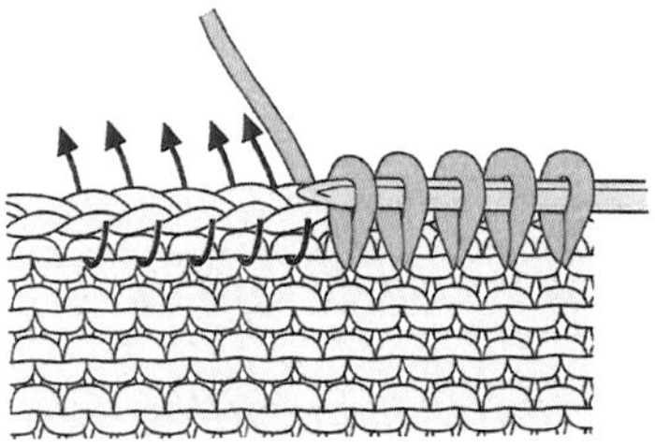

如箭头所示，从每1针针脚处挑出1针下针。

在行边端处进行卷加针的方法

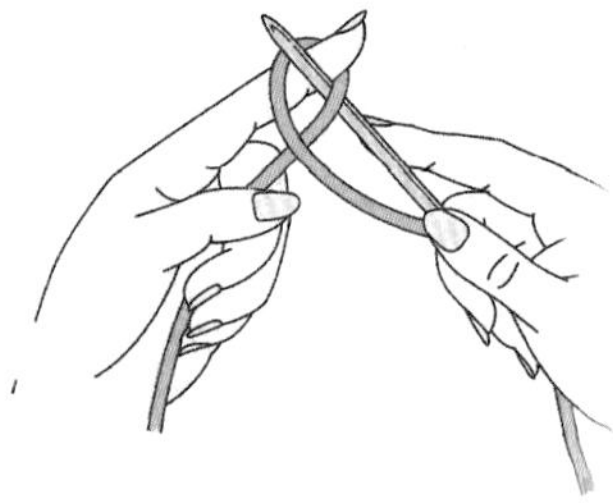

在左手食指上绕线，从编织线反面穿入右棒针，完成1针加针。

罗纹针收尾行处的挑针

编织方向不一致时

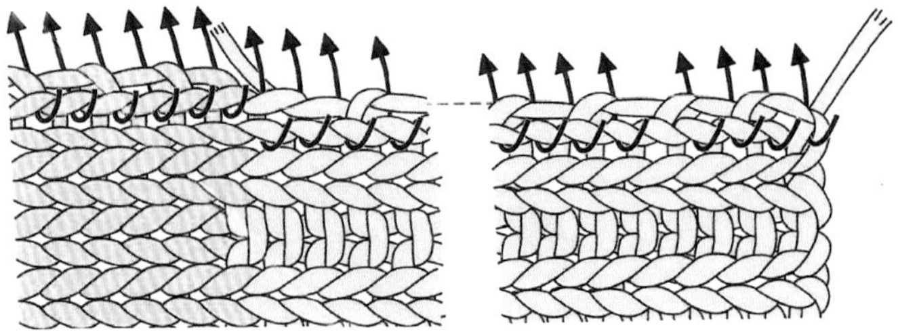

1 从边缘第1针内侧开始挑针，在针脚交接处（即编织方向不同处）错开半针，同样也从边缘第一针内侧开始挑针。

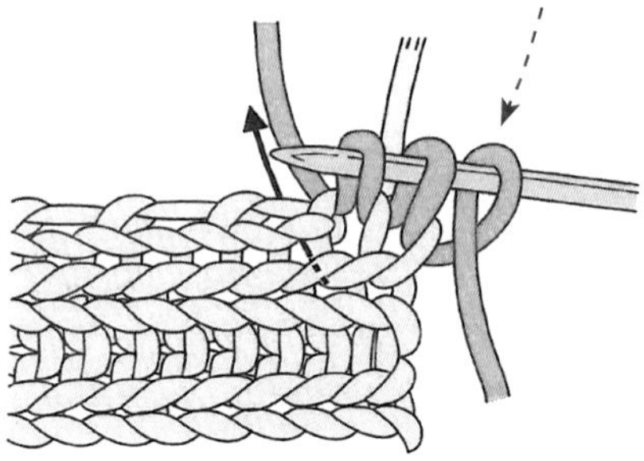

2 在开始编织处挑针时，要紧挨着边缘进行操作，为使边缘处保持平整，此时要进行卷针加针的操作。

领口处的挑针

在编织行与收针针脚处挑针，编织领口。挑针时要注意收针与减针处的操作。

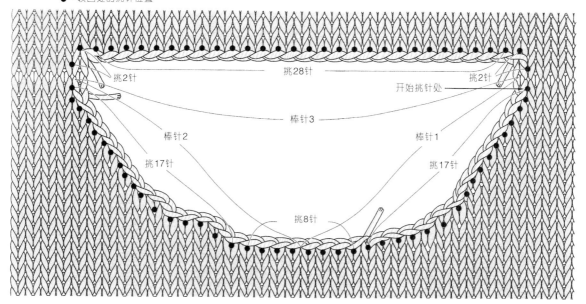

● =领口处的挑针位置

挑2针　挑28针　挑2针　开始挑针处
棒针3
棒针2　棒针1
挑17针　挑17针
挑8针

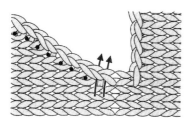

1 从左肩拼接处开始挑针，箭头与圆点表示的是挑针引线的位置。

2 在第1针挑针处穿入棒针（或环形针），绕上新的编织线，并引出。

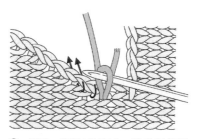

3 如图，挑针1针完成。请参考领口处的挑针图，连续进行挑针。2针并1针处的挑针，要从下方的针脚中穿入棒针进行操作。

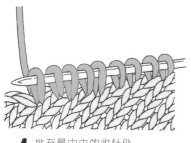

4 挑至最中央的收针处。

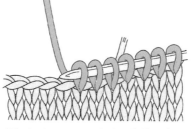

5 在针脚内穿入棒针，绕线挑出，进行收针处的挑针。

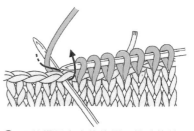

6 至前领口中心的位置，换成棒针2(使用环形针的情况下无需更换棒针)，继续进行挑针。

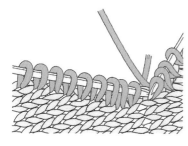

7 挑针至后领口处，同样要更换棒针，挑至第1行的最后1针处。

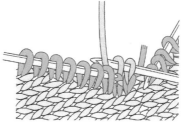

8 从第2行开始，交错着编织下针与上针，编织罗纹针。使用4根棒针时，其中3根棒针挂着织片，使用第4根棒针进行编织。

Part **3**

棒针编织的挑针

101

扣眼的制作方法

☰ 1针的扣眼（单罗纹）　正面编织的行

1 编织1针镂空针，在接下来的2针内按箭头方向插入右棒针。

2 将2针并1针一起编织出下针(左上2针并1针)。

3 下1行的镂空针上编织下针。

☰ 1针的扣眼（扭针的单罗纹）

1 依箭头所示挑起左棒针上的第1针，使其呈扭针状，不编织将其移至右棒针。

2 接着编织1针下针，将扭针覆盖在刚编织的下针上。

3 接着编织镂空针。

☰ 2针的扣眼（双罗纹）

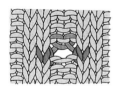

1 先编织右上2针并1针，再编织2针镂空针，接着编织左上2针并1针。

2 下1行在镂空针上分别按箭头方向入针，将每针进行扭针编织。

3 图为2针的扣眼完成的状态。

☰ 纵长的扣眼

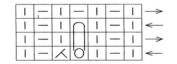

1 编织1针镂空针。接着的2针编织左上2针并1针。

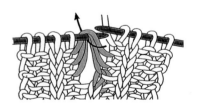

2 在第4行将镂空针和延伸针的渡线全部挑起，一起编织下针。

3 继续编织剩余的针。

4 图为反面所呈现的状态。

☰ 3针的扣眼

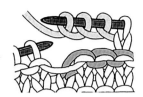
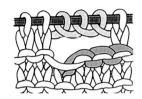

覆盖

1 将前面2针进行右上2针并1针编织。接着的2针分别编织下针后进行收针。

2 下1行编织3针卷针。

3 继续编织，下1行卷针上按照织片的针法正常编织。

☰ 特制扣眼A

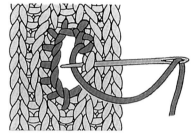

1 钩针穿入扣眼位置的针脚。

2 将针脚上下拉开，使纽扣能穿过。

3 依箭头所示将拉开的针脚缝合固定。为方便操作，中途可将织片颠倒过来，在反面处理线端，完成。

☰ 特制扣眼B

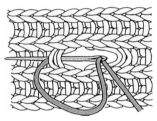
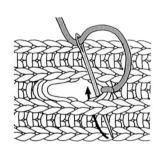

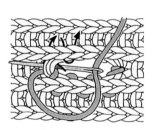

1 将扣眼位置的线圈向2边扩大，穿入缝针卷缝。

2 将拉开的线如图卷缝后，由下针的左侧穿出缝针。

3 由下1行的位置再穿出缝针，缝法与步骤2相同。

4 卷缝延伸的线，另一侧也重复步骤2~3的操作。在反面处理线端，完成。

☰ 纽扣的缝接方法

1 对齐2根线，将线端打结。

2 从扣眼的里侧将针穿到孔内，从线结中拉出，固定。

3 缝接在织片上，以织片的厚度决定扣脚的高度。

4 在根部绕线。

5 绕好后以不会解开为原则，缝针穿入扣脚。

6 将缝针从织片反面抽出，打结固定。

7 处理线端并完成。

Part 4

棒针入门小作品

婴儿鞋、帽套装

编织方法见
第106、107页

婴儿鞋图解

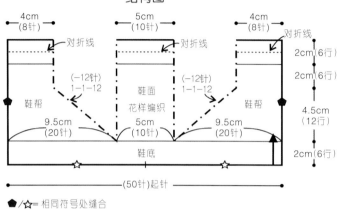

材料： 中粗羊毛线各色线15g

工具： 4.0mm棒针

成品尺寸： 鞋长12cm、鞋宽4cm、鞋深10.5cm

编织密度： 花样编织 21针×28行/10cm

结构图

4cm (8针)　　5cm (10针)　　4cm (8针)

对折线　　　　对折线　　　　对折线

2cm(6行)

2cm(6行)

(−12针) 1-1-12　　鞋面 花样编织　　(−12针) 1-1-12

4.5cm (12行)

鞋帮　　　　　　　　　　　　　　鞋帮

9.5cm (20针)　　5cm (10针)　　9.5cm (20针)

鞋底

2cm(6行)

(50针)起针

●/☆= 相同符号处缝合

配色表（花样编织）

第1–2行	白色	2行
第3–4行	蓝色	2行
第5–6行	白色	2行
第7–8行	黄色	2行
第9–10行	白色	2行
第11–12行	红色	2行
第13–14行	白色	2行
第15–16行	淡紫色	2行
第17–18行	白色	2行
第19–20行	淡蓝色	2行
第21–22行	白色	2行
第23–24行	红色	2行
第25–30行	白色	6行

系带编织

78针锁针

●=珠子位置

花样编织

Part 4 棒针入门小作品

婴儿帽图解

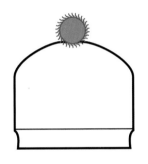

材料： 中粗羊毛线白色15g、其他颜色各适量

工具： 4.0mm棒针

成品尺寸： 帽围44cm、帽深11.8cm

编织密度： 上下针编织、单罗纹编织
18针×28行/10cm

款式示意图

毛线球的制作方法

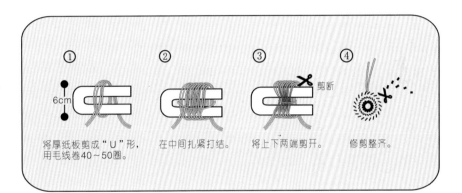

① 将厚纸板剪成"U"形，用毛线卷40~50圈。

② 在中间扎紧打结。

③ 剪断 将上下两端剪开。

④ 修剪整齐。

结构图

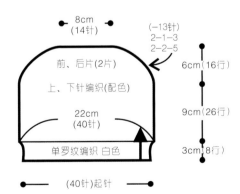

8cm（14针）

(−13针)
2−1−3
2−2−5

前、后片(2片)

上、下针编织(配色)

6cm(16行)

22cm（40针）

9cm(26行)

单罗纹编织 白色

3cm(8行)

(40针)起针

配色表（上下针编织）

第1−2行	蓝色	2行
第3−4行	白色	2行
第5−6行	黄色	2行
第7−8行	白色	2行
第9−10行	紫粉色	2行
第11−12行	白色	2行
第13−14行	淡紫色	2行
第15−16行	白色	2行
第17−18行	淡蓝色	2行
第19−20行	白色	2行
第21−22行	红色	2行
第23−24行	白色	2行
第25−26行	青色	2行
第27−28行	白色	2行
第29−30行	土黄色	2行
第31−32行	白色	2行
第33−34行	橘色	2行
第35−36行	白色	2行
第37−38行	粉色	2行
第39−40行	白色	2行
第41−42行	淡黄色	2行

温暖麻花帽

编织方法见
·第109页·

温暖麻花帽图解

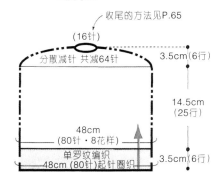

材料：	中粗羊毛线粉蓝色50g、粉红色45g	成品尺寸：	帽围48cm、帽深21.5cm
工具：	6.0mm棒针	编织密度：	单罗纹编织 17针×17行/10cm

结构图

收尾的方法见P.65

(16针)

分散减针 共减64针　　3.5cm(6行)

14.5cm
(25行)

48cm
(80针·8花样)

单罗纹编织　　3.5cm(6行)
48cm (80针)起针圈织

缝合毛线球

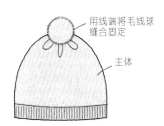

用线端将毛线球
缝合固定

主体

Part

4

棒针入门小作品

109

毛线球的制作方法

毛线球

1个

7.5cm

用2根线绕30圈
中间打结后留10cm长的线

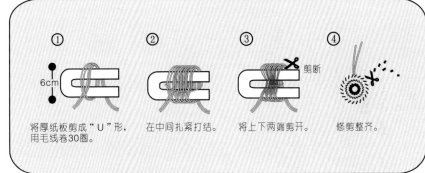

① 6cm　② ③ 剪断　④

将厚纸板剪成"U"形，用毛线卷30圈。　在中间扎紧打结。　将上下两端剪开。　修剪整齐。

花样编织

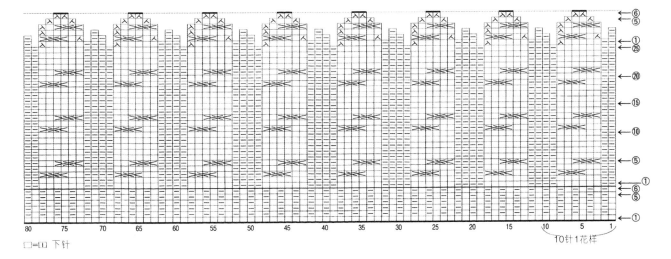

□=□ 下针

10针 1花样

段染糖果帽

编织方法见
· 第111页 ·

段染糖果帽图解

材料：	E流线花月夜段染线1团半	成品尺寸：	帽围48cm、帽深21cm
工具：	4.0mm棒针	编织密度：	花样编织 35针×40行/10cm

结构图

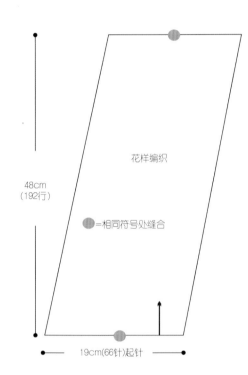

48cm
（192行）

花样编织

●=相同符号处缝合

19cm（66针）起针

款式图

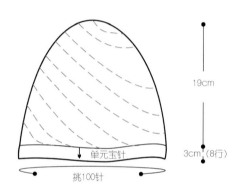

19cm

单元宝针

3cm（8行）

挑100针

单元宝针

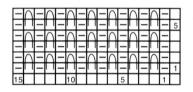

花样编织

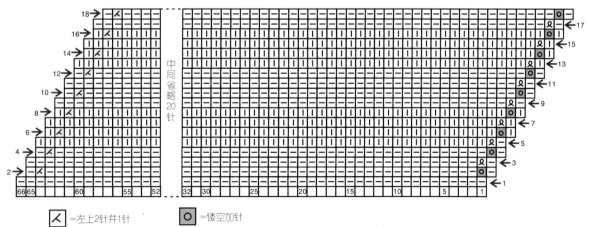

中间省略20针

⊼=左上2针并1针　○=镂空加针

内 容 提 要

　　本书是一本棒针入门基础教科书，书中介绍了从工具线材、基本符号的认识，到编织过程中的各种技巧等，每个技法都配有超详细的图文说明，让初学者轻松学编织！

图书在版编目（CIP）数据

　　跟阿瑛轻松学棒针基础入门篇 / 阿瑛编. — 北京：中国纺织出版社，2018.1
　　（手工坊轻松学编织必备教程系列）
　　ISBN 978-7-5180-4381-1

　　Ⅰ．①跟… Ⅱ．①阿… Ⅲ．①钩针—编织—图集 Ⅳ．①TS935.521-64

　　中国版本图书馆CIP数据核字（2017）第292057号

责任编辑：刘 茸　　　　　　　责任印制：储志伟
编　 委：刘 欢　张 吟　　　　封面设计：盛小静

中国纺织出版社出版发行
地址：北京市朝阳区百子湾东里A407号楼　　邮政编码：100124
销售电话：010-67004416　传真：010-87155801
http://www.c-textilep.com
E-mail:faxing@c-textilep.com
湖南雅嘉彩色印刷有限公司　　各地新华书店经销
2018年1月第1版第1次印刷
开本：889×1194　1 / 16　印张：7
字数：100千字　定价：34.8元